大/家/译/丛
TRANSLATIONS

拯救°城市

Qui peut sauver la cité

Gaëtan Lafrance / Julie Lafrance

U0243207

〔加拿大〕加埃唐·拉弗朗斯 /著
〔加拿大〕朱丽·拉弗朗斯
贾颉 /译

海天出版社（中国·深圳）

图书在版编目（CIP）数据

拯救城市 ／（加）加埃唐·拉弗朗斯，（加）朱丽·
拉弗朗斯著；贾颉译. —— 深圳 ：海天出版社，2018.1
（大家译丛）
ISBN 978-7-5507-2221-7

Ⅰ．①拯… Ⅱ．①加… ②朱… ③贾… Ⅲ．①城市环
境-环境保护 Ⅳ．①X21

中国版本图书馆CIP数据核字(2017)第302816号

版权登记号　图字：19-2016-043号
Qui peut sauver la cité
Gaëtan Lafrance / Julie Lafrance
Copyright © 2014, Éditions MultiMondes.

拯 救 城 市
ZHENGJIU CHENGSHI

出 品 人　聂雄前
责 任 编 辑　胡小跃　岑诗楠
责 任 校 对　林凌珠
责 任 技 编　蔡梅琴
封 面 设 计　知行格致

出版发行　海天出版社
地　　址　深圳市彩田南路海天综合大厦　　（518033）
网　　址　www.htph.com.cn
订购电话　0755-83460239（邮购）　83460397（批发）
设计制作　深圳市龙瀚文化传播有限公司 0755-33133493
印　　刷　深圳市华信图文印务有限公司
开　　本　787mm×1092mm　1/16
印　　张　17.5
字　　数　212千
版　　次　2018年1月第1版
印　　次　2018年1月第1次
定　　价　45.00元

序

大约在1969年或是1970年的时候，一位朋友说服我周末骑摩托车去纽约玩三天。就这样我们两个1968级的蒙特利尔大学学生开始了生平第一次城市生活探索之旅，那时的城市生活还带有很多乡村特点。之后，除非有特殊情况，否则我们每周都会离开蒙特利尔，尤其是在节假日期间。

我从小生活在农村，完全不了解城市生活。蒙特利尔的一些角落于我而言无关紧要，比如皇家山高地和我女朋友的祖母所居住的凡尔登街区。旧木板、阴暗的走道、缺砖少瓦的墙面和屋顶，这些都让我回忆起自己的童年生活。

对我而言，这次纽约之旅纯粹是好奇心使然。然而对于我的朋友勒内这样一个历史系的学生来说，我想他对这座城市的兴趣或多或少源于他对学术的追求。然而，古典主义课程并没有教给我们很多当代历史知识，直到最近我才意识到历史对一座城市的重要性。事实上，纽约是城市的再创造。纽约是新罗马，它继承了罗马的优缺点。即使今天，这个城市仍是人类社会的缩影，是民主和创造力的象征。这些特点如布景一般永远凝固于城市之中。

同今天一样，那个年代的纽约市约有800万人口。1960年以来，犯罪率上升、社会动乱频发使纽约一度陷入困境。十年内人口流失高达100万。即使是两个二十二三岁、在农场或工地干体力活的健壮男子，深夜也不敢一起在纽约的街头、地铁站或者中央公园里逗留。因此，我们最终还是决定把摩托车放在新泽西州的一个警察局。这台爪哇350产自原捷克斯洛伐克，常供业余机械爱好者消遣。在我们去伍德斯托克音乐节的路上它就曾抛锚过，之后又坏过一次，当时机车修理所需的零部件在哈莱姆，这个地区对白人来说特别危险，无论男女老少都有可能遭遇抢劫，而我们竟然一路平安无事。

纽约有吸引我们在此定居的魔力吗？当然有，纽约像一场科幻电影般让人心驰神往。但是除了旅游景点之外，城市氛围略显疏离。酒店的房间弥漫着旧地毯味。与蒙特利尔的新地铁相比，纽约地铁站里的涂鸦、车轨摩擦发出的噪声、昏暗的车厢都让人难以忍受，更别提哈林区了。

纽约并不是那时唯一需要自我反省的城市。数年后的华盛顿之旅让我们开始厌烦城市生活。对华盛顿的第一个印象便是这里像一个战区，那段时期的美国建筑遗产破坏严重，在纽约，漂亮的宾夕法尼亚车站也在此之列。

40年后，纽约的变化①改变了我们的观点。仔细想想，很少有城市能像纽约一样在建筑、城市化和生活方式方面创造历史。从这种意义上说，20世纪初纽约市的扩张和发展是一个重大的转折点，它使得后起的大城市纷纷效仿。人们甚至觉得这座美国大都市已经达到了未来世界级大城市的标准。纽约激发了人类的想象力，灾难片常常取景于纽约，就好像灾难和世界末日真的都将发生在曼哈顿一样。

纽约的过人之处还在于它创造了一批新的城市人群，甚至可以说是新人类。生活在曼哈顿就好像生活在一个狭窄的小岛上，或者生活在一个拥有百万人口的空

---

① 2012年纽约成了美国最安全的城市之一，犯罪率降至50年来的最低水平，成了大城市社会转型的一个成功典范。

间站。不论白天黑夜，人们必须共享一切，包括拥挤的人行道、绿地、交通和大型建筑物。和一百年前一样，在纽约生活不必拥有私家车，这种生活方式就像时间倒流一般。纽约并不从事生产，这里是一个靠脑力生活的地方。资本家和投机者掌管了华尔街，艺术家们创造着幻想世界。

因此，纽约所需的消耗品和产品都来自其他地方。

建筑物消耗了80%的能源，剩下的大部分用于公共交通。纽约市的供水系统依赖内陆山区水库，其中一些水源在距市区约200公里处。这好似罗马时代的引水渠。而供水不能中断，否则居民生活将会受到严重影响，甚至难以保障。

到2050年，世界上将有70%的人居住在城市。这些人都注定要生活在像纽约一样的大城市里吗？答案是否定的。实际上，绝大多数的城市人口将生活在人口密度小于每平方公里1000人的地区，这一趋势在大约60年前已经开始。

正如同时代的许多人，我是城市化扩张浪潮里的一分子。1974年，我们犹豫是否需要在蒙特利尔买房子。

我们钟意的街区，例如乌特尔蒙街区，一栋独立住宅的价格已经是南岸同等质量房子的十倍以上，于是我们并没有犹豫多久便放弃了买房的念头。促使带婴儿一族开始定居郊区的第一个原因便是经济形势的变化；第二个原因是现有的城市无法容纳所有的新建家庭；第三个原因是破旧的城市和小街小巷并不十分宜居。持同样想法的不仅仅是魁北克人。纽约市拥有800万居民，而选择居住在纽约市郊区的居民高达2200万人。

自1950年以来，城镇人口增长速度是全球人口增长速度的两倍。城市人口从7.2亿增长到35亿，这是一个相当大的变化。魁北克省66%的单户住宅和88%的多户住宅是1970年后建造的。相反，71%的双户或者三户住宅建于1970年之前。虽然通过努力，城市得以保留一部分历史原貌，但婴儿潮时代对城市样貌的影响还是相当深远的。纵观城市发展整体，我们发现如今郊区比老城区所占的分量更重。

最后，在我出生之后的年代，城市规划和建筑行业出现了两大趋势：（1）大城市竞相效仿纽约的发展模式；（2）大多数居民更倾向在郊区或人口密度相对低的城市定居，在北美尤其如此。于是出现了一个问题：从消费角度出发，生活在曼哈顿和生活在一个人口密度较低的城市哪个更理想？答案会令人大吃一惊。

这便是本书的主题之一，但我们所纵观的问题覆盖面却要广得多。城市的能源消耗和产品消费是否已经让城市走入困境，如果是，谁能拯救城市？更直接地说，应该如何降低城市的消费？

当今世界人口主要分布在城市，这是一个不可辩驳的事实。拯救城市即拯救世界，反之亦然。城市自古以来就是一个资源的吞噬器。城市化对于人类增长意味着集体财富的增长，因此也意味着消费的增长。例如，货物运输和及时化生产①的发展就是城市财富增长的一个直接结果。

本书的第一个目的就是让人们意识到，不解决城市问题，就无法解决全球性的大问题。而大约50年前，农村和工业的发展极大地左右着政策的制定，情况就变得

---

① 即运用多种管理方法、手段对生产过程的"人、机、料、法、环、测"等诸要素进行优化组织，做到以必要的劳动确保在必要的时间内按必要的数量生产必要的零部件。——译注（本书注释除特别标注外均为原注）

复杂了。到了21世纪，左右国家政策的，是城市中的知识分子。

拯救世界并不是一件容易的事，交给城市里的人来做就更难了，因为这些人往往顽固、任性又善变。他们每天都需要新鲜的产品，麦片里要放各种季节的水果。他们什么时候才能学会理性消费呢？他们要求快速且高效的运输服务，却又不愿意多交钱。为了减少对环境的影响，消除社会不平等，我们需要团结和妥协，但"人人为己"往往大行其道。新人类虽不在自己的院子里耕种，可也从不觊觎邻居院子里的果实。"公民民主"是一个美好的概念，而在它的背后往往隐藏着一个轻率而简单的论据。

本书为不久的将来人类会面临的重大问题提供了新的分析角度，并提出了原创性成果。吞噬资源的城市可以减少能源使用、降低能源使用对环境的负面影响吗？低消费和低能耗的理想城市模式是什么样的？全球气候变化是促使人们行动的契机吗？可再生能源在城市中占有什么样的位置呢？

从微观层面上看，本书也对城市新的发展模式提出

了疑问。新一代人对理想的居住环境标准不同于以往，
我生活在人口膨胀导致城市化大扩张的年代，我的女儿
朱莉，即这本书的合著人，生活在城市合并模式时代。
为了说明我的观点，我在这里讲一个小故事，当朱莉希
望在蒙特利尔的西南部买一栋复式住宅时，我们有很多
意见，甚至是成见，购买一栋建于1910年的房子，真是
奇怪的想法！为什么会突然奇迹般地爱上工人居住区？
凡尔登也是如此，朱莉的曾祖母就住在那里。

　　朱莉将进一步解释她的动机，当然也包括以旧翻新
带来的局限。

　　相约后记。

加埃唐·拉弗朗斯

目　录

引　言　　　　　　　　　　　　　　　　　　/ 001

第一章　受欢迎和不受欢迎的城市　　　　　/ 015

一、令人向往的城市　　　　　　　　　　　/ 016

　1. 南特：欧洲最佳城市　　　　　　　　　/ 020

　2. 库里蒂巴：世界的典范？　　　　　　　/ 028

　3. 公共汽车还是有轨电车？　　　　　　　/ 034

　4. 知识分子和生态学家的涅槃　　　　　　/ 036

　5. 支持还是反对机场轨道交通建设？　　　/ 044

　6. 丹麦王国并非一无是处　　　　　　　　/ 046

　7. 城市之美　　　　　　　　　　　　　　/ 055

　8. 受欢迎城市的共同点　　　　　　　　　/ 061

　9. 荣耀有时转瞬即逝　　　　　　　　　　/ 065

二、不受欢迎的城市　　　　　　　　　　　/ 066

　1. 没落的城市：从格拉斯哥到底特律　　　/ 069

　2. 丑陋的城市　　　　　　　　　　　　　/ 075

　3. 不受欢迎的城市　　　　　　　　　　　/ 076

三、我们喜欢建设这样的城市 / 085

　　1. 安卡拉和"碧眼英雄" / 087

　　2. 城中村：宝乐沙、布谢维尔和沃德勒伊 / 092

第二章　郊区：我们这个时代的环境灾难？ / 103

一、居住在市中心：能有效降低住宅区

　　能源消耗？ / 106

　　1. 城郊和市中心对比 / 106

　　2. 冲上云霄的城市：纽约 / 113

　　3. 住摩天大楼还是普通平房？ / 117

二、汽车：有害的产物？ / 121

　　1. 决定出行方式的要素之一：出行

　　　时间长短 / 121

　　2. 汽车的能源效率一定低下吗？ / 126

三、城市消耗了什么？ / 131

　　1. 城市消费指数 / 131

　　2. 对城市来说，这些数据意味着什么？ / 134

第三章　谁将拯救城市？ / 137

一、拯救城市就是拯救世界 / 138

　　21世纪是世界末日？ / 139

二、行动的第一个理由：气候变化？ / 144

　　1. 经济学家敲响警钟 / 146

2. 方法 / 147

3. 研究结果 / 150

4. 北方行动而南方受益? 利用南方
迫使北方行动? / 151

5. 形势不明朗, 很难做出决定 / 153

6. 气候变化对城市的影响 / 155

三、行动的第二个理由：货物运输和
经济发展 / 166

1. 增长万岁? / 166

2. 地缘经济新格局 / 168

3. 停止发展? / 170

4. 货车太多怎么办? / 174

5. 粮食主权 / 178

6. 理智消费 / 183

四、行动的第三个理由：能源 / 184

1. 充满正能量的卡尔加里 / 184

2. 石油开采何时达到极限? / 188

五、行动的第四个理由：以身作则 / 209

1. 固体废弃物 / 211

2. 有机材料 / 212

3. 废物管理 / 214

4. 生物能源 / 216

5. 生物燃气前景如何? / 217

6. 生物柴油 / 218

第四章　城市规划，从模糊到现实　　　/ 221

宜居城市　　　　　　　　　　　　　　　/ 223

　　1. 生态住宅区和TOD发展模式　　　　/ 227

　　2. 城市的理想形式　　　　　　　　　/ 235

　　3. 蒙特利尔：未来的典范?　　　　　　/ 253

从郊区到市区（代后记）　　　　　　　/ 262

致　谢　　　　　　　　　　　　　　　/ 266

| 引 言

城市化发展大趋势

城市的存在已有几千年历史。通过研究它们的辉煌，人们可以回顾从美索不达米亚、埃及、希腊到罗马的人类伟大文明史。我们也可以用同样的方法分析中国或者印度的城市发展史。这些聚居点的存在最初在很大程度上依赖于农业和畜牧业，但很快便发展成商人和皇帝控制下的商业中心。

古代城邦是人类文明的伟大象征，所有的财富都聚集于此，所有重要的决策也在此应运而生，同时这里也是文化和艺术的中心。一个伟大的城市是文明的捍卫者，这既指军事层面上的，也包括经济、社会和文化层面上的，雅典和罗马便是其中最著名的例子。

这种万有引力式的以城邦为中心的发展模式是经过数千年演变而成的。威尼斯和热那亚曾长时间抵抗来自地中海周边城市的袭击，它们同罗马和雅典一样属于城邦城市，那时，城邦即国家，古代城邦控制着海洋和国际贸易，但之后的中世纪工业改革通过建立成千上万的城市改变了欧洲这种地缘政治格局。

从村镇到城市

公元1000年，世界上人口数量超过1万的城市仅十几个。这些城市发展迅速，此后300年间，这种规模的城市数量便增至

2500多个。这种变化主要源于一个新的社会群体的形成，即资产阶级。

作为当时的社会新兴群体，资产阶级是促进城市化发展的主要力量，他们建桥铺路，重新发展了继罗马帝国衰落后几乎消失了的技术，再次开通了没落已久的商路。同一时期，钢铁行业发展迅速，农业技术进步也使耕作变得更有效率。由于水磨技术被封建领主们垄断，商人们转而投资发展风能，这有利于机械动能的普及。

在此之前，财富主要来自于人类的劳作和土地的产出。资产阶级商人的出现带来了另一种形式的财富，即资本。技术进步和人口大幅增长导致大量劳动力剩余，城市的发展成为一种必然结果。欧洲的中世纪是城市发展的第一个辉煌时期。

工业城市大跃进

当今欧洲一些大城市就是在乡镇基础上发展起来的。这是中世纪留下的遗产，之后对大西洋和太平洋地区的征服使欧洲主要城市有了新的发展：从世界各地掠夺来的财富使它们发展成了特大城市。在某些方面，这种现象与古代城市发展方式相似，即当时大城邦为了聚拢更多的财富而扩大自己的领地。西班牙、葡萄牙、法国和英国在殖民地建立的城市也带有殖民国家的特点，但后来这种现象很快就有所改变。

要理解这种情况，首先需要知道，18世纪初世界人口大约有7.5亿。自中世纪以来，机械动能主要来源于水磨、畜力和人力的情况没有发生过大的改变，而化学能源仍然主要依赖焚烧木炭，船载量自罗马时期后便没有更大的进步。18世纪工业革命将煤炭和蒸汽能力结合，深刻地改变了国家和世界资本之间的关系。社会环境也发生了变化，在城市尤为显著。

在英国和其他欧洲国家，人们为了谋求工作而移居到城市，原材料和副产品加工厂发展迅速。工业化影响着一些大城市的形态，不难想象出这样的画面：巨型烟囱不时地向外排放废气，而工人们就定居在不远处……

19世纪的新兴城市还有另一个特点：在此之前，大城市倾向建在水源附近，这其中既有战略原因，也有方便货物运输的考虑。火车的出现使一些乡村得以发展为城市，美国和加拿大通过铁路扩张，征服其远西地区，不就是城市发展史上具有象征意义的事件吗？

只要回顾那个时代大城市的发展，就会发现19世纪的世界经济中心位于欧洲。燃油发动机取代了蒸汽发动机之后，这一情况又将发生改变，世界经济中心瞬间从大英帝国转移到美国，20世纪初以洛克菲勒和亨利·福特为首的大亨们高瞻远瞩，美国很快掌控了全球工业体系的命脉。

在相当长的一段时间里，世界级的大城市都集中在美国，这些城市控制着世界经济和资本，掌握着世界政治、文化、军事命脉以及殖民活动。汽车行业的发展强化了以底特律为代表的美国城市的工业使命感，另外，足够的资本积累产生了市场，保证了新型消费社会的正常运转，纽约便是在这种情况下迅速发展成为全球金融中心的。城市面貌在此期间焕然一新：由于内燃机和机械动力的使用，城市发展达到一个前所未有的高度。

世界城市化率表明世界经济中心逐渐从欧洲转移到美洲，甚至发展到新兴国家。工业由发达国家转移到新兴国家，迫使欧洲和美国工业城市转型为以发展第三产业为主的城市。虽然一些城市，如南特，已经成功转型，但是格拉斯哥和底特律仍然在艰难地转型中。

西方城市在工业革命中脱胎换骨。通过对城市发展简史的了解，我们发现历史长河成就了各种不同使命、不同规模和不同富有程度的城市，它们的规模受产生时间的限制和扩张时期的影响。地理位置、起源和演变的差异使每个城市各具特色，这些要素是城市比较研究的首要参考因素。

我们从中世纪以来的城市发展简史中得出的第一个主要结论是：城市化是人类社会发展的必然趋势，是让更多人在地球上生存的基本条件。城市发展可以分为两大阶段，前燃油发动机和后燃油发动机时代。直到大约1950年，人们认为城市规划应该侧重发展公共交通，以方便人们出行。重型货物运输起初是通过水运，之后火车的产生缓解了其运输压力。

接下来的历史众所周知。小汽车和载重汽车的发展彻底改变了城市居住环境，影响了气候的变化甚至生物多样性。另外，城市化间接导致城市为了扩大范围而开始侵占农业用地。

城市的重要性

2008年肆虐的金融危机和能源危机，向人们揭示了21世纪的发展趋势：欧美国家正努力将经济中心从本土转移到新兴国家。这种现象首先源于人口结构的变化，2012年世界人口为70亿，但发达国家的人口总数只有10亿左右。据统计分析，尽管发展中国家的原材料和工业成品的人均消费量较小，但这不妨碍大市场从欧美向这些地区转移。因此资源的大消费市场往往来自亚洲或者其他地方，中国和印度对加拿大魁北克省铁矿的热衷程度足以说明该问题。

到了2050年，控制了20世纪政治、经济命脉和世界主要事务的发达国家与发展中国家人口数量的差距将会更加明显。城市化率和城市化速度必然随着亚洲、南美洲和非洲的城市扩张而提高。第二次工业革命造就了欧洲各大城市，20世纪，受益的城市首先是纽约，其次是芝加哥、洛杉矶等。2010年，美国和欧洲地区只有五个城市进入了全球最大城市榜前30名，2025年这一数字将减少至四个，只有纽约市能排名前十。这一变化将持续下去。

根据联合国的统计，到2050年，世界近70％的人口将居住在城市。值得注意的是，1900年，这一比例仅为13％。如图1所示，在新兴国家和贫穷国家，城市化率的增长尤为明显。

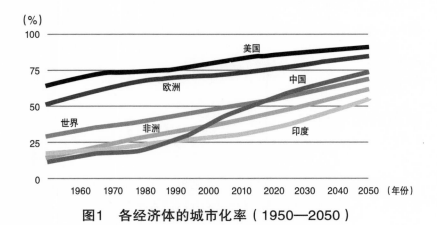

图1 各经济体的城市化率（1950—2050）

资料来源：联合国，《世界城市化展望》（2011年修订）。

　　不幸的是，城市化率激增，并非由于新城市的建立，而是因为未来将有28亿非城市人口涌入已有35亿人口的城市。然而，城市的发展道路已困难重重，各国政府却还没有足够的时间去制订合理的解决方案，以应对如此之快的城市化发展速度。目前，城市发展模式不尽如人意，其中首要问题便是贫民窟问题。在政府未能提供公平的服务前，一大群人都将生活在恶劣的条件下。

　　21世纪城市发展特点不仅由其历史、城市规模和价值体系决定，还要考虑自身发展状态。让人高兴的是，城市发展的许多参数是乐观的积极特性。城市化发展是符合人类发展需要的。人口越集中的地方，基础设施越有待改善。水电供应的改善、公共交通的普及和生态城市的建设便是一些典型的例子。

　　纵观历史，城市化曾是社会变得富有的象征。图2清楚地表明城市化率越高，人均收入也越高。

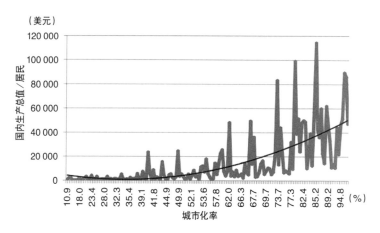

图2　城市化率与人均收入对比（全球范围）

资料来源：联合国，《世界城市化展望》（2011年修订）。

谁能拯救城市？

谁能拯救城市？鉴于城市现在和未来的重要性，我们将问题简化成拯救城市就是拯救世界，反之亦然。

显然，城市对资源的影响范围并不仅限于城市本身，这种影响也扩展到国家甚至世界范围，三者之间的经济联系千丝万缕。虽然城市面积只占陆地面积的2％，然而城市将消费全球至少75％的能源。[①]

情况将变得愈加复杂，因为城市居民对满足自己舒适生活所需的日常用品、多样化的劳动力和资源的使用变得越来越麻木。与以往相比，当今的城市不再是一个只影响资源开发的地方，而在不同程度上变成了一个资源吞噬器。

为了拯救城市，首先应该分析影响城市居民生活的主要问题。经济发展至今是人们关注的首要问题，农业、重工业、制造业已不再是优先发展的行业，相反，城市居民更加关注第三产业的发展。城市的生产力已经难以满足人们日益增长的物质文化需求。

这个主题突显了21世纪人类生活的一个世纪性难题：城市规模越来越大，也越来越富有，不可避免地成为消费型社会。因此，如何合理控制人类日益增长的资源需求呢？城市居民需要承担什么样的责任呢？城市居民对环境问题很敏感，这将迫使他们采取行动拯救世界吗？

---

① 雷切尔·奥利弗，《有关城市和能源消费的一切》，CNN（有线电视新闻网）。

必须澄清，本书的重点并不在于陈述城市演变过程或规划史，而是从"吞噬资源的城市"这个角度去分析问题，通过解释未来城市将面临的重大问题，更好地了解未来城市可以如何最大限度地减轻人类活动对地球产生的负面影响。首先，我们应该了解新型城市有着怎样的特点。

21世纪的理想城市

作家阿兰·迪比克认为，蒙特利尔目前的行政区划情况将会导致一些严重的问题。[1]他的结论并不是出于简单的专家治国论，实际上，今天蒙特利尔岛的中心城区约有190万居民[2]，大市区人口达到390万。一个世纪以前，蒙特利尔市的人口就已经接近100万，而在2001年重新规划分区后，蒙特利尔市总人口增加了1.82倍，面积也达到了8127平方公里，是过去的5.2倍。专家们显然不能根据简单的时间顺序去分析这个城市的发展了。

这使人们不得不开始思考一个问题，即到底什么是城市？尽管这个概念已经被定义过无数次。随着时间的推移，我们又引入了一个新概念：多个城市连接成的聚居地。例如我们如何定义东京这样的城市？东京市面积的计算范围可以根据对城市的不同定义，从中心市区扩展到周边市郊，人口数也会相应地从800万浮动到4000万。

---

① 阿兰·迪比克，《蒙特利尔的行政区划》，《新闻报》2011年10月17日。
② 根据2011年人口普查，蒙特利尔郊区人口（1937740人），首次超过市区即蒙特利尔岛的人口（1886481人）。

城中城

就国际标准而言，大城市不仅是一个由独立行政机构管辖的地区，更是一个具有经济一体化特征的大生活网。在这里，人们为了工作、学习、商务或休闲而相互走动，人与人之间相互作用、相互依赖。

根据地域来划分，无论是从社会、政治、经济方面来看还是从法律、地理方面来看都是不合理的，虽然大城市听起来很吸引人，实际上也会产生很多问题。比如2012年在纽约遭遇桑迪飓风灾害这个紧要关头，到底应该由谁来保证包括远郊在内的整个纽约地区的安全？是负责800万人口的纽约市时任市长布隆伯格。然而，从法律的角度来看，他并不需要为包括远郊在内的有2200万人口的大纽约负责。

这种基于行政区域的划分，还会导致市中心出行高峰期出现交通运输问题，因为大型城市的居民在就学、医疗、商务以及出游等活动上往往并不局限于自己所在的街区。据统计，2008年蒙特利尔大区只有17.6%的工作岗位集中在市中心，巴黎大区为19%。除蒙特利尔岛外，蒙特利尔大区内的人口流动在70%以上。

按照工作交通图来定义的聚居地

关于城市这个概念，每个时代都有各自的定义标准，达到这个标准的地区就可以被称为城市。古代的标准是"城邦即国家"，中世纪则是以威尼斯这样的商业城市为标准，而第二次工业革命使工业型城市成了城市的典范。

1966年的布拉格会议提出了用以下标准来区分城市和乡村：

• 城市是一个人口紧密聚集的地方（人与人的居住距离不超过200米）。

• 城市人口数超过1万。人口数在2000和10000之间的地区也可以称为城市，前提是从事农业的人口不能超过总人口的25%。

这个正式定义在农业经济时代起到了重要的作用。当城市人口超过农村人口时，这个定义便不再适用。城市的定义也不再局限于人口数和房屋之间的连续性。在蒙特利尔地区，人口聚集并没有遵守住宅间最大距离不超过200米这项标准。

事实上，都市圈是根据由外围向市中心移动的原因来决定的，如果移动的原因是为了工作，那所去之地就是城市。2003年至2008年，蒙特利尔都市圈土地面积从5520平方公里增加到8127平方公里。但同一时期，人口数只增加了9%。大家都明白，很难根据出行动机和出行方式进行衡量，更不必说国际范围内的比较，因为多数国家定义城市的标准不完全一样。

每个城市各有特点

有时候是国家蓄意为之。例如，在中国，北京是政治中心，上海是金融中心，广州是国际贸易中心。一些国际城市的存在是基于旅游业的发展，另一些则得益于港口贸易活动的发展。一些城市和城镇保留了各自的产业特性，另一些则向第三产业转型。

像渥太华这样的首都就比较有自身特点，城市干净整洁，失业率极低，晚上七点以后整个城市就会变得非常安静。

城市规模导致不同的特点

显然，城市的规模是衡量一个城市的公共交通网络是否灵活高效的关键指标，但并不是唯一的指标。由于人口过于分散，一些城市无法提供足够的公共交通服务。

在阅读本书的过程中，始终需要记住，人口小于100万的城市，其人口总数仍然会占全球城市人口的50%以上（表1）。相反，天之骄子，即那些定期名列世界宜居排名里的城市，人口只占全球城市人口总数的一小部分，如纽约、东京等特大城市的人口总数占全球城市人口数量的10%以下。这种分类表明，在概括城市类型时需保持谨慎。

表1　世界城市人口分布（%）

城市人口数量	年份		
	1950	2010	2025
1000万以上	3.2	9.9	13.6
500万至1000万	3.4	7.5	8.7
100万至500万	17.2	21.4	24.3
50万至100万	9.2	9.9	11.1
50万以下	67.1	51.3	42.4

资料来源：联合国，《世界城市化展望》（2011年修订）。

城市经济水平取决于国家经济发展水平

以上标准要求我们不能拿发达国家的城市跟新兴发展中国家的城市做比较。例如，在极贫困国家的某些城市里，约一半人口没有任何自来水、电等基础设施的保障，而这种情况并不罕见。

在国家经济中占主导地位的城市

长期以来，多功能的传统大城市引领着区域经济文化的发展，但这种情况今天有了变化。像美国、中国和德国这样的世界大国，通常会有几个各具特色的大城市来分担不同职能，实现国家繁荣。但也有法国这样的特殊情况，即使在今天，巴黎仍旧是法国的政治经济文化中心，巴黎在法国国内生产总值中的贡献更是占到了20%。

魁北克省50%的经济活动都集中在蒙特利尔都市圈，关于经济发展、公共交通等社会问题以及其他时事问题的政治辩论也往往集中在蒙特利尔出现的问题上。这种现象会导致政策倾斜，比如在公共交通方面，基本所有的讨论都集中在蒙特利尔市中心居民上下班高峰期的交通投入问题上，而蒙特利尔市中心面积却只占蒙特利尔都市圈总面积的不到1%。

城市与资源：情况不同

一个城市对资源的需求取决于其规模及其活动。按今天的标准，城市越美丽，越吸引人，工业就应该占越少的比重，衡量标准之一，便是城市各个领域的能源消耗量。当然也有例外，加入了经济合作与开发组织的城市工业很少，它们用于工业的能源需求低于20%，对水和成品的需求同样如此。

这并不是说经济发达国家的城市对资源的影响较小。城市越富有，消费的产品就越多，只是这些产品往往产自于别处。这些数字也表明，城市的使命已经朝服务经济型方向发展。相反，在发展中国家城市，建筑物（包括住房）和交通运输（主要为客运）在城市能源消耗和需求中不占主要地位。我们可以比较一下，21世纪初期，伦敦工业领域的能源消耗占全市能源消耗的6%，而在上海，这一比重为80%。

从长远来看，城市化可能将越来越多地推动第三产业经济发展。例如，上海的工业对能源的需求在未来将有所减小，许多重工业会外迁到农村地区。不可否认，这种规划有助于提高效率。但城市对能源和资源的需求不但没有终止，反而进一步扩大，原材料的加工、货物的运输等大量消耗资源，将产生一系列负面影响。

关于城市概念的初步讨论，将给我们后面的讨论提供一定的依据，使结论更为谨慎。每个城市都有自己的个性、历史、价值、品质和缺陷。试图建立一种理想的城市模式，将是一种鲁莽的尝试。不过，时事新闻似乎还在不断地向人们介绍那些惹人喜爱且有潜质成为世界城市规划典范的城市。这将是本书第一部分的主题。

第一章

受欢迎和不受
欢迎的城市

一、令人向往的城市

　　为什么有些城市总能跻身最宜居城市排行榜之上呢？需要具备什么样的条件才能成为适合就学、休假甚至移民的十大城市呢？什么会让一座城市令人向往？

　　各种排行榜可以让我们大致了解世界城市排行的基本情况，比如，《经济学人智库》经常以饮用水、交通发展到犯罪率等为标准发布的世界宜居城市排行榜。专家们认为，评选宜居城市应该优先考虑政治环境、医疗保健、文化与环境、教育体系和基础设施建设等因素，2011年度该排行榜再次证明，大洋洲（澳大利亚、新西兰）和加拿大是定居的优选地区。

　　欧洲的维也纳和赫尔辛基打破了澳大利亚、新西兰和加拿大在宜居城市榜的统治地位。墨尔本、悉尼、珀斯、阿德莱德、奥克兰、温哥华、卡尔加里和多伦多都堪称人类理想的宜居城市。蒙特利尔和渥太华也不甘落后，排名前二十，美国部分城市则名列其后。

　　温哥华稳居榜首5年后让位给了墨尔本，排名下滑至第三，在维也纳之后。这足以说明，美国的这本杂志的评选标准稳定且保持一致。

　　如何解释加拿大和澳大利亚的城市深受人们喜爱这一现象？受人喜爱的城市往往是富裕国家的中型城市，其人口密度较低。这些冠军级别的城市无论排名前后，都为居民们提供了更优质的生活质量。那里往往犯罪率低、绿化率高、公共交通四通八达，更能常年吸引大量游客和商业活动。

哪座城市的生活质量更高？更适合居住？不同机构观点不一。美世咨询从绿化程度、经济活力、文化多样性、交通、居民文化生活等39项标准出发，为我们提供了一份世界十大最宜居城市排行榜。这份榜单和《经济学人》杂志在2011年公布的榜单并不完全相同。美世发布的城市榜单中，前十名除了奥克兰和温哥华，其余八个均为欧洲城市。维也纳位列第一，瑞士的苏黎世、日内瓦和伯尔尼分别以第二位、第八位和第九位登榜，德国慕尼黑、杜塞尔多夫和法兰克福也分别以第四位、第五位和第七位占据三席，此外还有哥本哈根位列第九。

由此看来，美世和《经济学人》都更偏向于欧洲、澳大利亚和加拿大的城市，但是他们忽略了一个大问题，即这些城市都属于高消费的城市，不是所有人都能负担得起这里的生活费用。例如，温哥华和多伦多是加拿大消费水平最高的城市，其次是渥太华和蒙特利尔。温哥华和蒙特利尔的房价根本不在一个水平线上，公寓或者独立住宅的价格差高达三倍以上。

人们感觉到，排名可能倾向于生活质量高、尊重人权、人均寿命高、社会环境好的国家当中的城市。澳大利亚、加拿大、奥地利、瑞士、德国以及斯堪的纳维亚地区①经常被列为世界上生活质量最好的国家和地区。加拿大前总理让·克雷蒂安常自豪地说："我们是世界上最棒的国家。"

那么有哪些排名不在前十却依旧宜居的美国城市呢？

2011年夏，《科学美国人》杂志发布了一篇关于美国宜居城市的特别文章，它以绿地、污染、健康、科技四项标准为宜居城

---

① 斯堪的纳维亚半岛，地理上包括瑞典和挪威两个国家。

市排名依据，被选中的城市恰好都是旅行社常年为游人推荐的适宜短期旅游的城市。其中大多数城市也是举办会议较多的地方，参会者闲暇之余往往可以在此放松一下。学术会议的黄金路线学者们熟记于心：波士顿、旧金山、华盛顿和芝加哥。如果年会定在其他城市，比如说休斯敦，与会者对会议内容的热情将大大减低，参会的研究人员更不会偕伴侣一同前往这类地方。加拿大的温哥华、蒙特利尔和魁北克城都是会议首选城市。对于有经验的人来说，多伦多永远不会成为会议举办地首选，在密西沙加附近开会一次就够了，更不用提温尼伯了。

　　为什么游客和北美商人都热衷于像旧金山、华盛顿、波士顿、纽约和芝加哥这样的城市呢？因为它们有独特的旅游景点、优越的国际运输服务、舒适的酒店设施、干净的市容以及较好的安全保障等。总之，这些城市是美丽且宜居的。如果城市是美丽的，那么这里的居民也更有可能是富有和有教养的。当然，反之我们就不能轻易下结论了。

　　此外，波特兰和西雅图之所以能长期名列宜居城市排行榜，是因为这两个城市对环境保护非常重视，另外还有斯德哥尔摩和赫尔辛基，这些城市比其他城市更注重环保和环境卫生，也就深得媒体和环境学家的喜爱。除了环境问题，交通系统的服务质量也是宜居城市的另一条重要标准。

　　《科学美国人》杂志公布了一份美国本土十大宜居城市排名，纽约位居榜首并不令人吃惊。毕竟在交通服务质量上，纽约的表现可以说是非常优秀，30%以上的纽约市民上班都使用公共交通工具。相比之下，洛杉矶的人口密度和纽约不相上下，却只有6.1%的市民使用公共交通工具出行。当然，得益于发达的高速公路网络和高度的城市扩张，洛杉矶位列榜单第三名，这更加说明了交通服务质量是一个城市能否得到认可的重要参考细节。另

外，丹佛只有4.1%的穷人，波特兰公共交通覆盖率只有6.1%，这
两个城市却也在榜单之上，这又该作何解释？原因很简单，上榜
城市往往拥有发达的公路网络，出行者可以很快地从一个地方抵
达另一个地方，当然这只是美国式思维方式。

　　很容易能发现，全球最佳城市并不能很好地反映当地行政机
构和居民的对环境保护的重视，而是更多地反映出这些工业城市
自身的财富和美感。但一个宜居城市不一定既要有高质量生活也
是最佳旅游景点，卡尔加里、珀斯、阿德莱德和墨尔本都是繁荣
宜居的城市，却不是旅游胜地，因为这些城市并没有丰富的历史
遗迹和多少值得参观的旅游景点，城市的建筑风格也很平淡。

　　说到有丰富的历史古迹作为旅游资源的城市，这里有一个有
趣的现象：雅典虽然高居旅游城市榜榜首，但同叙利亚的某些旅
游城市一样，它们在21世纪的前十年并没有成为世界最佳城市。
开罗也是如此，它曾经是阿拉伯世界的标杆，然而近几十年来，
社会条件逐渐恶化。

　　法国宜居城市排名向我们展现了其他方面的问题。基于住房
成本、教育质量、经济活力、生活质量等标准，南特名列第一，
其次是图卢兹和里昂，巴黎没有进入前十名。如同世界排名一
样，城市规模是一项决定性的指标。我们为什么喜欢这些法国城
市？为什么倾向于居住在墨尔本、悉尼、温哥华、魁北克、西雅
图和波特兰？因为这些城市虽然规模中等，却为居民提供了良好
的基础服务，不能单纯从城市规模上将它们和东京、墨西哥城、
孟买和圣保罗这样的特大城市作简单比较。虽然纽约和巴黎被一
致认为是极具魅力的旅游城市，然而在宜居城市的排名榜上它们
与墨尔本和温哥华却相距甚远。

　　由此可见，宜居城市的全球排名也并不能完全反映世界上所
有城市的真实情况。2010年，全球30个人口最多的城市人口数

量都超过了860万，世界上人口数量最多的前十个城市，其人口总数超过《经济学人》列出的前十个宜居城市的人口总数的十倍之多。目前世界人口最多的30座城市的人口总数为4.31亿，2025年将高达4.79亿。

想更好地理解资源管理和城市发展问题，就要将城市按其特点和所属的经济区域归类分析，也就是说，最终还是要回到发达国家城市和发展中国家城市的发展问题上来。对受欢迎的城市的分析，有助于我们理解它们成功的原因，也能帮我们更好地了解其他类型的城市。

1. 南特：欧洲最佳城市

初到一座陌生的城市时，我们往往会晕头转向，尤其是到外国的陌生城市时。我们一边迫不及待地想了解这个城市，体验一种全新的生活，另一方面又担心自己无法适应新生活。我们想融入新环境，却又发现没有那么容易。我的经验之谈：刚到一座新城市时，由于不适应，我们往往想要离开，可是真正要离开的时候，却有些依依不舍了。

我曾经在南特学习过一年，那时的我对南特一无所知，但还算是信心满满，因为我曾去过欧洲，并且当时已经提前在南特找到一个为期一年的实习生宿舍。初到南特的那几天，天空灰蒙蒙的，然而，令人安慰的是我在魁北克大学的一个同事恰巧是南特人，她的家人热情地接待了我，带我参观这座城市，品尝当地的美味佳肴，以尽地主之谊。也许出于天气的原因，抑或是内心的些许恐惧，当时的我并没有对这座城市一见钟情。几个月后，在

南特河岸

慢慢地了解了这座城市的特点，熟悉了它的小街小巷后，我才突然意识到，自己已经深深地爱上了这座法国城市。这段经历对我帮助很大，而南特也成了我未来生活的灵感之源。

热爱南特的并不只有我一人。南特曾多次荣获法国宜居城市排名第一，吸引着越来越多的人来此定居。这里房价合理，文化生活丰富，就业机会多，临海，有轨电车系统先进。南特是一个重要的老海港，早在1990年年初，这里的人们就懂得如何通过举办文化活动、改造老工业区、振兴港口区等一系列城区改造措施来改善城市形象，使城市更具活力，富有创新性，适宜居住。

从工业社会到信息社会

如果说南特是一个有灵性的城市，那是因为它知道如何应对经济体制变化带来的制约。就南特而言，有四大范式可以概括其经济和城市历史的发展：前工业时代和贸易城市、工业时代和工业城市（财富的创造）、后工业时代和服务业大都市（生产性服务业）以及信息时代和知识城市（知识产品）。这种以区域经济为主、结合服务和娱乐业的集中型经济活动，改变了城市的环境。

20世纪，欧洲城市侧重去工业化发展，将重工业移到美洲和其他发展中国家。面临残酷的失业现状，城市不得不寻求新的发展和出路。机动车的产生是城市形态得以转变的一个因素，使商业、服务业、高科技产业甚至居民区开始向周边发展。企业和家庭的外迁使一些城市活动逐渐萧条。

20世纪70年代突然而来的去工业化导致大量的建筑、工业区、港口、军工厂、铁路等被遗弃，这是城市化发展史上常有的现象。为了提高城市凝聚力，振兴传统产业和保护文化遗产，一些城市已经尝试重新利用荒地。相反，也有些城市因拆迁、净化和重建成本相对较高，而放弃荒地再利用，这在一定程度上影响了市容建设。

目前，美国一些城市如底特律和克利夫兰都足以说明以上这个问题的严重性：汽车行业的衰落导致大量失业。由于无法偿还抵押贷款，很多家庭不得不离开居住地，结果导致大片地区沦为鬼城。为了预防犯罪，政府部门在银行的支持下甚至将部分地区夷为平地。

这种工业外迁早年也在欧洲发生过。因此，在过去30年里，像南特这样的城市改变了城市发展命运，朝着知识经济服务型都市发展，这就迫使城市不断地重组。随着经济全球化，城市文明的某些特征变得普通化，超越了国界和气候，人们的生活方式越来越相似，导致地区之间为了创造和吸引财富而竞相角逐。

因此，如何发展城市，使城市多样化，增强城市竞争力，将成为一个有趣且实际的话题。正是在振兴衰落城市、全球化和竞争的背景下，城市纷纷开始寻求新的发展战略，鼓励企业创新：
发展城市营销。

南特是17世纪和18世纪法国主要的黑奴贩运港口。作为法国
乃至欧洲的主要城市之一，南特在20世纪80年代参与了城市改革
进程，用城市营销的方式成功地振兴了城市。

南特："新型有轨电车"的先行者

有轨电车是一种城市公共交通方式，也是全球通用的一种交
通策略。南特是法国第一个重建"新型有轨电车"的网点，最早
的两条交通线分别建成于1985年和1992年，大大地提升了城市
形象，重振了该地区的发展。

相较于其他公共交通工具，有轨电车不仅被视为一种极具竞
争力的交通工具，也被认为是城市化发展甚至是城市形态重组
的利器。它能减少城市的机动车辆，也能赋予城市活力、协调市
中心行人和机动车合理出行。在南特，有轨电车的使用让主街道

南特的"新型有轨电车"

显得更加宽阔，机动车数量有所减少，行人获得了更大的出行空间，步行街商业重新复苏，建筑文化遗产也更凸显其价值。

有轨电车通过轨道将市中心与周边地区连接，从而将偏远地区城市化，使城市发展一体化。它促进了第三产业办公楼的发展，振兴了南特市部分发展缓慢的街区。因此，南特的有轨电车以其"现代有轨电车网之母"的美誉，成为全法国各个城市竞相效仿的对象。如今的南特拥有三条有轨电车路线，但它依旧致力于发展城市公共交通多样化。除了这三条线路外，还有快速公交系统、发达的公交车队和两条水上巴士作为补充。

以伟大的文化项目闻名遐迩的城市

南特除了发展高效的交通运输网络外，还一直致力于城市的区域文化发展。这些文化项目很好地推动了城市的发展，不仅提

南特港

高了居民的生活质量，也使南特成为旅游首选地。

南特曾是布列塔尼的首都，城中的历史古迹一直被看作是重要的城市遗产，例如布列塔尼的公爵城堡和圣皮埃尔-圣保罗大教堂分别在1840年和1862年被列入历史遗产名录，城市就是在这样的基础上逐渐发展成旅游胜地。

1990年以来，城市遗产的概念有逐渐外延的趋势，它既包括博物馆和档案馆在内的整个建筑遗产，也包括自然遗产、海事和港口工业遗产，甚至是居民的集体回忆。城市遗产创新的例子多不胜数，工业区和港口区转型方面尤其多。

南特岛曾经是旧港口和工业区，而现在重建南特岛是市区重建的重中之重。该重建项目包括拯救泰坦起重机、安的列斯港口开发香蕉棚和港口仓库。重建香蕉棚旨在将港口的旧厂房建成酒吧、餐厅、展览厅、迪斯科舞厅等。"岛上机器"是将儒勒·凡尔纳（生于南特）和达·芬奇生前的系列科幻奇想和实践与南特工业史相结合的项目。还有，著名老牌饼干厂LU①成功转型，成为全市唯一一个文化中心。这些事例证明了南特市为重振旧区，将工业废墟转型成文化场所做出的努力。

南特常常举办大型文化项目，该市的文化遗产以20世纪80年代以来创建的一系列文化联欢节和重大节日闻名于世。部分文化活动在当地享有盛誉，且逐渐流传到法国其他地方乃至整个欧洲，甚至世界，从而改善了城市的国际形象。"狂热节"是南特的古典音乐节，如今已被推广到包括东京在内的世界其他六个城市。南特岛在图卢兹、柏林和韩国展示了自己的优秀文化，南特的皇家豪华剧团是一个街头艺术表演剧团，也在世界各个地方巡演。2006年以来，南特还举办了原创于蒙特利尔的一年一度的

---

① LU位于南特，法国老牌饼干品牌。

南特旧城堡

"嬉笑喜剧节"。

通过不同的尝试，南特在世界范围内展现了自己的城市魅力，强化了其创意城市的美誉。多种多样的文化活动让它在国内外保持了一个充满活力的城市形象。蒙特利尔也将效仿南特，为自己的城市形象创立一个品牌标签：创造力。

欧洲区域地理空间一体化

另一方面，交通也使得南特在城际和国际交通网中凸显重要地位，高铁和客机的发展使它在城市网的中心找到了合适的位置。高铁的到来使得一些城市的地理位置失去了原有的重要性。得益于交通发展，巴黎到南特从以前的三个半小时的高速公路缩短到现在的两个小时的高铁，因此从时间方面算，南特与巴黎的距离比以往更近了。

　　南特拥有自己的机场。从客流量上看，该机场是大西洋卢瓦尔省的第五大机场，在区域和国际交通网中的重要性非同一般，这也使南特与圣纳泽尔市一道，共同吸引游客、学生、研究者等人才和企业，成为国际化都市，最终在欧洲大都市中站稳脚跟。

小　结

　　南特是如何成为一座令人向往和身心舒适的城市的？这不是由单一的原因决定的，它满足我们在上一章讨论过的各种标准。南特是一座人口密度低的中型城市，市区风景宜人，公共

南特一景

©Valery Joncheray

交通便捷，城市鼓励和提倡步行、骑行，文化生活丰富，居民相对富有等。

此外，南特还是创新城市，尤其是在交通领域，它是"新型有轨电车"的先驱。在跨市区域交通领域，它参加了"顺"欧洲地理空间一体化的发展。南特是一座经历过多次变革的古城，在许多方面已成为21世纪的典范城市，因为它能重新调整自己，发展第三产业，城市规划也尊重生态环境，致力于改善人类活动对生态环境的影响。

我们再来看看使南特成为先锋城市的一个重要原因，即有轨电车。世界上所有城市都应该效仿这种发展方式吗？接下来，我们将举一个反例：库里蒂巴。

2. 库里蒂巴：世界的典范?

库里蒂巴市经常被媒体、环保主义者和新型城市规划者所热捧。作为巴西巴拉那州的首府，它在20世纪90年代因城市规划，尤其是公共交通系统方面的成就赢得了国际名声，被授予很多荣誉："高效城市规划模范""环保城市发展榜样""全球最环保的城市""世界生态之都"和"世界最佳城市"等。

世界各地的学者都来研究它的公共交通改革系统，对库里蒂巴公共交通的效率、灵活性（满足不同需求的车辆）和卓越的服务（可靠的班次时间表、电子支付系统、集成的终点站以及分布合理的登车站点）赞不绝口。

库里蒂巴是BRT①的发源地，BRT公交车的改良，比常规公交车的运行时间更短，服务品质更高。简单来说，BRT就是公交车运行在一条高效的公交专用道上，它提供的服务在很多方面类似于有轨电车，BRT公交车不再受其他汽车的制约，能够提供更多的载客量、更快的速度、更高水平的舒适度、更友好的服务、更可靠的班次时间，从而从总体上改善公共交通形象。这个系统更为灵活，因为它适用不同类型尺寸和机动性能的车辆，并根据人群和地点提供不同的服务。值得一提的是，BRT的造价比有轨电车更有竞争优势。

库里蒂巴的成功之处，是把集成交通网络纳入城市发展规划框架。政府于1964年征求此规划，1966年开始实施，并保证这一发展能适应城市人口增长速度。

机械化农业时代的来临和工业化的发展以及1975年的"黑霜"②灾害导致咖啡种植逐渐消失，巴拉那州的社会经济结构在20世纪末开始转变。农村人口迁往城市，使得州内农村人口分布从1970年占州内人口总数的64%下降到2000年的19%。这一时期，库里蒂巴是全国人口增长率和城市化率最高的城市，1964年全市人口总数为40万，到了2010年已经达到180万。

在这种急剧增长的情况下，政府开始新的城市规划。当然，这一规划已经在1966年得到批准，总结归纳为三个主题：城市区域划分、道路系统和公交系统，规划中的方针成了往后45年里城市发展的指导。

第一条快速公交线路于1974年建成。那个时候只有两条主通

---

① Bus Rapid Transit，快速公交系统。
② 恶劣的天气导致农民逐步以大豆取代咖啡种植。最终，在一次严重的霜冻（俗称"黑霜"）后，1975年7月，农民们完全放弃了咖啡种植。

道：南北—东西走向，呈十字型。为了鼓励多层楼房建设和保证居民的公共交通服务，区域也沿着通道划分。

库里蒂巴综合交通网络是一个连接快车总系统，综合三种类型公交专线的等级系统。如下所述，这些线路有专门的功能，并用不同的颜色作为区别。

1. *Expressos*（红线）（65公里）：这些高载客量的快线由双向专用车道连接着终点站与市中心。

2. *Interbairros*（青线）（185公里）：这些环线的专用车道连接着各个街区的终端，通过快车总系统接合各区。

3. *Alimentador*（黄线）（340公里）：常规公交线路。

Linhas Diretas（直达线）：有18条，连接城市周围的各个辖区，平均每3公里就有一站。

*Expressos*线因为公交专用和双向运行的原因，为人们节省了大量的宝贵时间。

库里蒂巴交通综合系统通过管型的登车站来区分换乘车站，人们在乘车区入口配有感应器的旋转栅栏处刷芯片卡支付费用，车站的这种设计使乘客减少了站内上下车的时间。这很适用于气候寒冷的国家，因为能帮助候车的乘客保暖，虽然不是地铁，但也能像地铁一样为乘客提供合适的温度。

库里蒂巴交通综合系统的另一个优势是它的运营模式。这一系统由成立于1963年的国营公司库里蒂巴城市化管理公司（URBS）管理，该公司负责管理和协调28家私营公交公司的运营和基础设施的维护。系统的资金支持完全来源于车票收入，毫无额外的公共补贴。为避免价格上涨，1990年实行的一条州法令规定：运输系统产生的收入只能用于支付系统的运行。另一条市政法令规定公交车不得使用超过十年。通过常规的保养，公交车车况一直保持良好，这同时也减少了污染。

库里蒂巴的快速公交系统

此外，URBS计划逐渐使用生物柴油和乙醇作为车辆燃料。我们都知道，巴西在生物能源燃料发展方面处于领先地位，各个市和州也努力减少对石化燃料的依赖。

通过库里蒂巴快速公交系统，市内居民乘坐公交车出行的比率接近45%。如果拿美国的城市来比较，这是相当高的。库里蒂巴也是巴西人均汽油消费较低的城市。然而要注意的是，它的汽车拥有率也比美国低将近两成，在巴西，私家车其实是件奢侈品。这一例子说明，当我们在进行国际对比时，必须非常谨慎。城市越穷，公共交通占整个交通的分量就越重。

然而，实际情况是，库里蒂巴的公共交通系统很有创意，且非常高效。在没有发展地铁和有轨电车的情况下，城市规划者找到了一个可以给民众提供快速、可靠、低价公交服务的巧妙方法。此外，创建URBS管理私营公交的想法是一个既能保证系统整合，又不用废除原有私营机构的灵活措施。库里蒂巴的交通设施也很符合它的经济、空间、社会和文化。

快速交通系统"经济"和"定制"的特点，也深深地吸引了交通规划者，让他们有了一个能满足人口需求，又符合预算的选择。多车道的快速交通系统有助于调节公交车道和路线，也可以作为未来造价昂贵的交通方式的先行者，就像有轨电车，也可作为发展的工具。库里蒂巴的城市建设也围绕着交通系统。从这一方面看来，世界上许多城市都已接受了快速公交系统的设计理念。

快速公交系统比地铁和传统巴士有更多的优势，但很多城市却没有意识到这一点，地铁的发展反而领先于快速公交系统。全球地铁线路增长主要在1950年到2000年之间，1950年全世界只有20个城市有地铁，到了2000年，拥有地铁的城市超过了180个。在一些拥有地铁的亚洲城市，地铁客流量甚至占居民出行总流量的47.5%，相比之下美国的这一数据仅为7%。[1]

也许是由于造价昂贵，选择建地铁的城市减少了，1990年之后，很多城市开始意识到快速公交系统的优势，于是快速公交系

库里蒂巴快速公交系统的公交车

---

[1] 联合国，《城市交通可持续规划与设计：2013年全球人类居住区报告》。

统有了飞速发展，尤其是在拉丁美洲。2010年，全球153个拥有快速公交系统的城市中有53个是拉美城市，快速公交系统覆盖了全球63.6%的交通网络，部分发达国家也开始尝试使用快速公交系统。

加拿大的交通项目形式多种多样：多伦多的GO运输公司，渥太华的Transitway，加蒂诺的Rapidbus，魁北克市的Métrobus，维多利亚市的VRRTP，温哥华的B-Line和约克区的Viva。在蒙特利尔，有通往尚普兰大桥的专用车道，亨利-布拉萨地铁站与庇护九世大道之间也建有专用车道。根据蒙特利尔2008年的交通规划图，庇护九世大道和亨利-布拉萨大道的交叉口将要建设两条快速公交线。

库里蒂巴的创新理念产生了世界性影响。虽然它出色地规划了它的交通系统，但在城市发展的其他方面却没有取得同样的成功。像发展中国家中大多数人口激增的城市一样，库里蒂巴的贫困率很高，农村人口流动引发许多问题，许多背井离乡的农民居住在叫做"favela"的贫民窟里，在这些贫困的街区，卫生的住房、公共用水网络、下水道系统和垃圾回收处理等基础设施和公共服务都难以得到保障。

总之，库里蒂巴的交通系统体现了城市规划里美与善的元素，为这座城市吸引了众多新兴企业，并使之成为巴西最为繁荣的城市之一。①可这并不能说明它没有其他问题，一座城市有可能在某段时间内是"世界最佳城市"，但人口的膨胀可以改变许多事情，并严重扰乱最初的理念。

今天，库里蒂巴快速公交线附近的高层公寓和城市人口已经超过1966年总体规划批准的四倍，但需求仍持续上涨，系统在最

---

① 2004年库里蒂巴市人均收入水平差不多是巴西国内人均收入的四倍。

近几年也在扩展。与其他地方一样，库里蒂巴现有的交通情况和
公交系统已不能再满足需要了。正如其他发展过快的城市，库里
蒂巴遇到了城市规划的难题，官员和政客们没有按图纸规划城市
其他配套设施，导致了高贫困率和基础卫生服务等相关设施的严
重不足。鉴于库里蒂巴的贫困率高且呈增长趋势，人们不会再提
名它为"世界最佳城市"了。

3. 公共汽车还是有轨电车？

　　库里蒂巴和南特的例子表明，城市的交通发展可以有多种办
法。库里蒂巴看中了快速公交的高效和低价，南特倾向于有轨电
车这种稍贵但可以有效改善城市形象的交通方式。

　　蒙特利尔和魁北克也考虑过有轨电车计划，但基于造价问
题，项目不断延期。有轨电车也不总是适用于世界所有城市，新
式有轨电车算是一种奢侈的大众交通工具，并不能真正减少私家
车的使用。原因很简单，在大城市，有轨电车通常被规划在公共
交通网已经很发达的市中心。对于蒙特利尔，尤其要认真考虑有
轨电车与地铁、巴士之间的竞争。由于蒙特利尔郊区公共交通扩
建长期资金短缺，以及郊区和市区间公共交通尚不够发达，所以
有轨电车肯定不会是优先方案。

　　按理说，中型城市如果没有地铁，则可以考虑发展有轨电
车。例如，魁北克市规模中等，且属于旅游城市，因此应该效仿
南特和斯特拉斯堡，发展有轨电车，以改善城市交通网络和城市
形象。总而言之，有轨电车比巴士更能提高客流量。

　　快速公交系统提倡者认为，专用车道和高级巴士更为有效，而且便宜和灵活，应竭尽全力发展这种现代化交通系统。

　　美观、实用、便宜？也许是，但快速公交系统很难建立，甚至比地铁或者有轨系统更难。为什么？因为市民反对。很难适当地从开车人手中夺取空间，用作公共交通发展。以蒙特利尔庇护九世大道为例，我们就会发现项目实现遥遥无期。魁北克市也一样，关于是否要建立快速公交系统的讨论至今没有答案。①

　　然而，从能源角度该如何看待这两种模式呢？法国和巴西在发电系统上都选择二氧化碳低排放的方式：法国以核能和水能发电为主，巴西以水能发电为主。有轨电车的运行依靠电力，所以在生态方面占绝对优势，魁北克也是同样的情况。

　　但对世界其他城市而言，比如新加坡，发电完全依靠热能。公交车和有轨电车之间的生态性能差别不明显，特别是如果系统转换电能效率没有达到50%，公交车的优势甚至可能更胜一筹。

　　这一比较并没有考虑到公交车和生物能源使用技术上的改进。使用生物柴油和混合柴油的发动机系统可以节省40%的能耗，这能大大减少石化燃料的使用，甚至可以考虑电动巴士，如果这样的话那就太好了，因为相比有轨电车，这种公共交通网络的建立更便宜也更灵活。

　　你可能会认为电动巴士并不适合未来发展，可魁北克前省长庄社理却对此深信不疑。2012年3月，他批准了7300万加元的预算，用于发展和制造两款铝合金电动城市巴士，一款标准型，一款微型。在圣厄斯塔什参观诺瓦巴士的生产时，省长再次声明，政府将于2030年前实现交通95%的电气化。

---

① 埃里克·拉贝，《拒绝有轨电车，公交专用车道万岁》，《太阳报》2013年12月2日。

电动公交车可以根据时间段的需求更改大小和数量，所以每公里的乘客能源消耗比有轨电车低。

4. 知识分子和生态学家的涅槃

著名的美国投资人沃伦·巴菲特说，他人生最幸运的事和成功的秘诀就是在正确的时间出生在正确的国家。那么在2013年，我们该在哪个国家出生？在1988年美国是首选，在2013年却掉到了第16位。根据目前价值排位，最适宜出生的国家如下：瑞士、澳大利亚、挪威、瑞典和丹麦。怎么会是这些国家排名领先？这五个国家的人口总数不超过5000万。甚至包括加拿大和芬兰在内的前15个国家的人口合起来也没超过美国人口，也就意味着最好不要出生在人口数量太多的国家。

《人生彩票：2013年该出生在哪里？》[①]

在这些最适合出生的国家中，斯堪的纳维亚地区的国家名列前茅，魁北克望尘莫及。经济学家、左派学者、工联主义者、紧跟时代步伐的记者和政客们认为瑞典、挪威、丹麦和芬兰等国家什么都好，极尽赞美之词。这些国家的成就得益于它们的社会福利、人民民主、关注生态环境、国土规划政策、可持续交通、自然资源发展利用等，常被世人称道，这里就不一一列举了。

---

① 拉扎·凯基奇，《人生彩票：2013年该出生在哪里？》，经济学人集团，2012年11月。

　　《责任报》的众多作者在2013年年初的一系列文章中说[1]
"瑞典人在减少不公平、财富重新分配方面比我们做得好，他们
的经济也更发达，有助于公共债务有效配置"，他们还补充说，
跟魁北克人相比，瑞典人更信任他人，信任公共机构、私营企
业、政府和普通民众，他们不能容忍腐败。在那里高等教育也是
免费的。瑞典人决定摆脱对石油的依赖，他们比我们更有创新精
神，而且很少人偷税漏税。

　　这些作者用将近4000字来赞美瑞典，把瑞典说得比天堂还
好，而对魁北克却只字未提，这种文章不适合心情抑郁的人读，
而适合那些爱思考的人，可以借助这些文章去反思魁北克社会的
现状以及毫无规划的未来。

　　《经济学人》杂志断言，无论是左派还是右派的政客都能从
北欧国家中得到启发。[2]例如，瑞典从1993年开始实施债务危机
改革，在不改变社会服务质量的前提下裁减冗员，大幅缩小政府
机构的规模。

　　为什么这些国家被公认为伊甸园？我们的城市能从中学到什
么？我们有这么糟糕吗？为此，我们去实地考察了一下这些国家
的首都。

---

[1] 多米尼克·尚佩涅、吉纳维夫·多瓦尔-杜维尔、米丽亚姆·法希米、帕斯卡莱·纳
瓦罗、保罗·圣-皮埃尔-普拉蒙登，《瑞典与魁北克给我们的启示》，《责任报》2013
年1月3—5日。
[2]《北欧国家：下一个超级榜样》，《经济学人》2013年2月2日。

瑞典，2012年9月

　　飞机降落前十分钟，在高空中隔着厚厚的云层，肉眼仅能看到附近的乡村。我们这群半睡半醒的魁北克人受时差影响，一时没有回过神来："这是哪儿？现在什么季节？"落地后，我们看到了一些被货棚和仓库包围的农舍，倾斜的屋顶和木板墙让我们联想到"加拿大小木屋"①。针叶林和落叶林散落于山谷和耕地之间，尽管可以看到一些乡间木屋，但到处是湖泊，尚未受到城市化的冲击。从大片的针叶林和独特的建筑景观可以断定，我们已经到了北欧地区。

　　我们是在阿伯蒂比②地区吗？不对，这里有太多丘陵和阔叶林，但小湖泊不多。几天后，当我们飞越芬兰上空时，发现那里与阿伯蒂比地区有着惊人的相似：针叶林延绵无际，湖泊星罗棋布，人迹罕至，一望无际。

　　从斯德哥尔摩机场到市中心，这种似曾相识的感觉愈加强烈。高压线塔和电线比比皆是，路面被冬季寒冷的天气损坏，小型商场是一栋建于20世纪70年代的楼房，上面挂着刺眼的商标。办公楼约四到六层，用方砖和混凝土建成，整体呈灰褐色风格，像极了蒙特利尔和波士顿市周边的房子。周围是大型停车场和空地，沟渠里杂草丛生。

　　我们想赶在下午四点半前到达市区，但在高速路上整整堵了十公里，就像从路易斯伊波利特隧道到蒙特利尔，每周，傍晚时分总有几次大堵车。多亏公交车有在路肩行驶的权利，我们才及时到达市区。我们本可以乘坐高速铁路列车的，但又觉得没必要

---

① 新法兰西殖民地的拓荒者曾普遍使用一种可以大量获取且容易加工的木材建造的房屋。相比法国，这里的建筑风格受北欧的影响更明显。

② 阿伯蒂比，加拿大安大略省东北部地区。

为了节省短短二十分钟而支付双倍的路费。

　　这里的乡村一望无际，近郊周围是公路、第二三产业办公区、商业中心、居民区、平房、儿童公园等。起初，我们难以将这种瑞典式的生活方式同加拿大的生活方式做比较。

　　当我们正以为这种熟悉的景象应该就是北欧社会应有的样子时，一辆辆小汽车和卡车从我们面前呼啸而过，我们心中原本对北欧怀有的天堂般美好的憧憬顷刻间化为幻影。要了解北欧国家人民的不同之处，便该更深入地分析这个地区的情况，尤其是北欧的各个首都。

　　首先要列举这些国家和加拿大不同的几个地理特点。

　　除了丹麦之外，其他三个北欧国家的人口密度很低，和加拿大的省份相似，在瑞典，人口密度是0.3人每平方公里，跟加拿大一样，地广人稀也深深地影响着那里的生活方式。

　　但也不是所有的人都喜欢斯堪的纳维亚和芬兰世外桃源般的生活。芬兰地势平坦，冬天昼短夜长，几乎没有太阳照射。赫尔辛基位于北纬60度，即使在夏季，下午五点人们下班后也要另加一件薄羊毛衫防止着凉。瑞典和挪威也是这样，当九月初蒙特利尔的气温还在25℃以上时，斯德哥尔摩就已经开始供暖了。

　　丹麦和芬兰一样地势平坦，平均海拔也比较低。丹麦新一代的风车比本国海拔170米的最高丘陵还要高，其乡村和北欧其他地区的乡村也有很大不同，这里的种植业早已取代林业的位置，因此丹麦有自己的地理优势，毕竟在哥本哈根骑自行车要比在奥斯陆容易得多，奥斯陆的居民往往住在多树的山坡上。挪威首都的市区面积广、绿化率更高，即使生活在市区也像身处安静的郊外。奥斯陆的居民出行基本靠陆上公共交通和水上巴士。

　　比基尼在这些国家基本用不上。街角边和我们聊天的一位居民认为，有必要去南方多晒晒太阳，以抵抗阴暗和寒冷的天气，他每年至少要去南方一次。

瑞典和挪威人口密度低，加之人们喜欢亲近自然，远离喧嚣，私家车便成了主要的交通工具。瑞典平均每十四人中就有一人拥有一艘游艇。通常，他们会将游艇停放在自家别墅的湖边或者海边，坐船去斯德哥尔摩或者奥斯陆更能体会到这一点。城市坐落在离大海100公里处，峡湾里有很多小岛，20世纪60年代的木质平顶小别墅不断映入我们的眼帘。没有管理，也没有规划，这些小屋随意散落在凹凸不平的岩石上。这往往是许多瑞典人和挪威人退休之后的安乐之所。顺便提一句，多数游艇都不带帆，内燃机大大地破坏了瑞典一直寻求的理想生态环境。

让我们继续巡游吧！

寻找最美的风景

我们有机会通过水路和陆路两种方式穿梭于四座城市间。如本章前言所说，经由陆上交通参观斯德哥尔摩令我们失望，另一次悉尼之旅也是如此。这些城市在景观和宜居的标准上都取得了成功，尽管总体不错，但周围也不乏破旧的街区，尤其在郊区。可谓世界上没有完美啊！

水路使我们能一睹城市之美。在本章所列的四座北欧城市中，最美当属斯德哥尔摩。它由14个岛组成，属于这片由24000个岛组成的岛群的一部分。个人之见，"水上城市"斯德哥尔摩值得一看。奥斯陆也位于大峡湾底部这样一个特殊位置，赫尔辛基和它的水上城堡也不错，但哥本哈根就没有那么迷人了，尽管港口入口处的风车排列别树一帜。

然而，事实上，无论是坐船还是坐火车去丹麦首都哥本哈根都不会看到期待中的美好景象，坐船只会看到港口到处都是集装箱。2012年，火车站站前广场已经变得毫无趣味，到处都在建设，甚至是皇家广场和市政厅。市政厅旁边的建筑上矗立着的一张麦当劳巨幅广告牌尤为刺眼，完全不同于井井有条的斯德哥尔摩。周六下午，哥本哈根著名的斯楚格步行街上到处是黑压压的人群，行人接踵摩肩，还有吵闹的驱逐难民游行。经历过2012年"枫叶之春"社会运动的加拿大人对这种场面一定不会陌生。

在此次旅行所参观的四个城市中，斯德哥尔摩市中心最干净，建筑最和谐，总体上最好看。

斯德哥尔摩有"北方威尼斯"之称。了解威尼斯的人知道，该比喻并不十分恰当，因为在威尼斯出行必须靠步行，商品的运送基本像中世纪一样需要依靠体力，而斯德哥尔摩的公路可谓四通八达。

除了市区内的一小部分旧城，斯德哥尔摩的道路宽阔通畅，人行道的空间也相当大，但这只是近期取得的成就。斯德哥尔摩的人口在20世纪上半叶增长了2.5倍，然后趋于稳定。建于13世纪的斯德哥尔摩历史悠久，但看上去像一座新城，这是源于市区循序渐进改造的结果。

约20世纪20年代前，斯德哥尔摩逐渐增长的交通量使原先狭窄、混乱的街道成了一个社会难题。斯德哥尔摩从此致力于循序渐进地改善城市市容，比如，1945年到1967年间，中央火车站附近的区域被拆，修建了大量人行道和高层建筑，1950年建成地铁，其他部分建筑和交通系统也从20世纪60年代开始陆续改善。

在这方面，瑞典人因急切拆毁旧城、重建现代新城而受人批评，但这种批评在看到最终结果后很快被人们遗忘。不论从道路交叉点还是从马路中间的任何角度望去，斯德哥尔摩的风景都那么开阔大气。在一些街区，新旧建筑完美交融，所有楼宇都不超过七层。没有哪块空地或者停车场破坏整体风景，那些华丽的建筑旁没有一栋破屋或者待拆的楼房，更没有电线阻碍市容美观。

公共交通高效、活跃的优点同样值得一提。斯德哥尔摩几乎汇集了各种公共交通方式：地铁、有轨电车、铰接巴士、水上巴士等，还有我们之前提过的连接机场的轨道交通和直达大巴。至于城际交通，人们可以乘坐火车或者汽车，中央车站就位于市中心。奥斯陆和赫尔辛基的城市规模更小，交通方式却同样多种多样。

美丽的斯德哥尔摩

乍一看，斯德哥尔摩简直无可挑剔，这里满足了每个人的不同需求，但光鲜亮丽的外表下隐藏的是多样化竞争所付出的代价。斯德哥尔摩的公共交通绝不便宜①，在民主社会国家，人们对私营的城市交通管理信赖有加，在魁北克，这是无法想象的。

———————————

① 虽然不能简单地拿来比较，但我们发现斯德哥尔摩的地铁或公交往返票价至少比蒙特利尔或纽约贵两倍。

斯德哥尔摩的确是座美丽的城市，分析它的发展模式也颇有趣味，但很难复制。首都和皇家城市的地位有利于斯德哥尔摩得到大量基础设施建设投资，此外，它的地理位置也比较特别，人民越来越富有，城市的人口也得以保持稳定，和其他地方相比，斯德哥尔摩受城市化进程的影响较小，市中心在恰当的时期得到了重建。今天，个人主义和对变化的恐惧感，远远超过了公共和集体的利益，即使是在瑞典，拆毁重建也是不可能的了。

毫无疑问，斯德哥尔摩是一座令人向往的城市，然而魁北克人会因为一段失败的婚姻抑或是一点小错误、不顺心就跑到北欧来生活吗？我们选择的社会真有这么糟糕吗？以下几点将带给我们一些慰藉。

加拿大居民的平均寿命要远远高于斯堪的纳维亚半岛和芬兰。诚然，瑞典和挪威的老龄化管理制度水平位居全球首位，但根据联合国2013年数据，加拿大排名世界第五位，差强人意。2012年的瑞典也许比加拿大更有理由发生"枫叶之春"的学生运动，当时瑞典的年轻人平均失业率接近25%，然而什么社会运动也没有发生。瑞典在2008年至2009年经历了严重的经济衰退，魁北克甚至整个加拿大则轻松度过了该时期。相对于瑞典，魁北克更尊崇日本京都市。与《责任报》作者的系列文章报道相反，从国内生产总值看，魁北克在科研投入方面比瑞典要多。相反，瑞典对工业领域的投入比科研领域更多。

人文主义者和《经济学人》杂志一致认为，瑞典是全世界管理最好的国家。著名的瑞典模式！如果真的是这样，2013年5月斯德哥尔摩郊区连续几天的打砸、焚烧汽车、与警察冲突的暴力骚乱又是如何发生的呢？

魁北克这么糟糕吗？根据经济情况和世界综合排名①，加拿大（魁北克省）与斯堪的纳维亚半岛国家和芬兰常常在同一水平上。排名根据不同的情况会略有变动，但都保持在同一水平上。换而言之，认为魁北克甚至加拿大与斯堪的纳维亚半岛国家根本不在同一水平上的想法是人云亦云，并不符合实际。

5. 支持还是反对机场轨道交通建设？

机场轨道交通网常被城市规划者和媒体强力追捧，因为这是宣传现代城市形象的重要措施。由于竞争激烈，政府很快就会意识到这种交通方式不符合预期理想，冻结项目专项公共资金。

斯德哥尔摩的公交车票价是火车票价的二分之一，所以我们更倾向于坐公交车。悉尼的火车比出租车还贵，干吗还要坐火车呢？赫尔辛基、奥斯陆和哥本哈根都有一条专门通往市区的轨道交通，其中哥本哈根提供的轨道交通服务最有竞争力。

阿姆斯特丹、巴黎、纽约的轨道交通服务都很不错，然而，机场穿梭轨道并非适用于所有的城市。大城市客流量高，使轨道交通竞争力高于其他方式。对于温哥华这类人口少于200万的城市，轨道交通的发展需要权衡利弊，除非有资助，否则难以实现。比如，由于获得2010年的冬奥会申办权，温哥华获得了政府慷慨的资助。

墨尔本的人口是温哥华的两倍，也没有机场轨道交通。但是，它的巴士服务品质高，班次多且便宜。蒙特利尔与墨尔本

① 后面会再次提及蒙特利尔和卡尔加里市的排名情况。

情况类似，机场轨道交通发展多年来争论不休。一方面，政治周旋似乎解决不了实际问题，因为牵扯到太多决策者：联邦政府、省政府、蒙特利尔交通运输公司、市交通局、加拿大国家铁路公司、加拿大太平洋铁路公司等；另一方面，数据显示，从市中心前往机场的客流量太低，项目未来会没有收益。如果非要建设，蒙特利尔的机场轨道交通应该找些诸如提高城市形象之类的理由。[①]

斯德哥尔摩、奥斯陆、哥本哈根、赫尔辛基、温哥华和悉尼都有通往机场的轨道交通，蒙特利尔在这方面是否处于劣势？当然不是。重要的是要有通往机场的高效的公共交通和快速通道。不过，蒙特利尔在这方面存在比较大的问题，商人们[②]指出，多瓦尔机场转盘的重建对开车的人来说是个永久的深渊，该工程本预计在2012年年底完成，现在却拖到2019年才能落成，也就是说，在此之前所有通往市中心的轨道交通网都将瘫痪。拥有一条通往市中心的火车路线或者专用交通轨道的希望更是遥遥无期。

这个例子表明，与世界其他城市相比，蒙特利尔至少有一点堪称世界第一，即它的交通系统规划毫无效率可言。雪糕筒万岁！

那交通领域的其他方面又如何呢？接下来，我们来继续谈谈丹麦吧！

---

① 欲了解更多，请参见《城市项目后现代研究：以皮埃尔·爱略特·特鲁多机场轨道交通为例》，朱莉·拉弗朗斯著，蒙特利尔大学规划学院，2011年1月。
② 加拿大电台，《多瓦尔机场：需要更高效的机场专线和更多的直飞航班》，2013年3月20日。

6. 丹麦王国并非一无是处

自行车万岁

　　斯德哥尔摩公共交通发达，还有许多步行街和非机动车道，人行道宽阔，城市绿化好，宽阔的堤岸向居民们开放，建筑物和谐统一。奥斯陆和赫尔辛基也是如此，这些都是世界宜居城市的基本标准。

　　然而一项抽样调查结果表明，哥本哈根的地理条件更适合骑行和步行。事实上，相较于瑞典人和挪威人，丹麦人的生活习惯更像荷兰人。人们可以在斯德哥尔摩看到很多自行车，但这里早上的交通状况又有别于哥本哈根。根据一项关于欧洲主要城市的调查显示，2004年的4月到10月期间，哥本哈根有36％的人使用自行车上班出行[①]，而斯德哥尔摩只有7％，赫尔辛基则为6％。在世界各大城市中，只有北京以32％的自行车出行率可以与哥本哈根相比。

　　在丹麦骑车堪称一种生活方式，自行车骑行随处可见，不仅在自行车道上，人们偶尔也会在马路上骑行，但同样遵守交通规则，至少这是丹麦人给我们留下的印象。

　　人们一般认为，城市的大小和人口密度是影响自行车普及的主要原因，这种观点并不完全正确。如果上班的这段路程需要长时间的骑行，或者时间很紧，人们会更倾向于选择汽车或公共交通工具。假设骑车的平均速度为每小时15公里，那么住所距离工作地点就不应该超过10公里。这种约束会间接地影响城市的人口

---

① http://www.urbanaudit.org/.

密度，理论上城市越紧凑，人们出行的距离就越短。

　　然而，城市大小和人口密度并不是适宜骑行与否的绝对指标。比如纽约人口稠密，却仅有0.6％的自行车出行率。[1]去过纽约的人就会知道，市中心几乎没有自行车道，毕竟城市交通已经很拥挤了。事实证明，世界上所有的大城市，无论是欧洲的伦敦和巴黎、亚洲的东京和香港，或者是发展中国家的特大城市，骑行都不怎么受欢迎。在这些特大城市中，自行车出行率通常低于2％。

在蒙特利尔骑自行车并不总是那么容易

雷蒙德·拉弗朗斯/图

　　另一项数据表明，历史上自行车使用率最高的城市是亚森和格罗宁根这两个荷兰小城。其中格罗宁根的自行车使用率为

---

① http://www.aviewfromthecyclepath.com/2011/02/population-density-vs-cy-cling-rate-for.html.

60%，紧随其后便是阿姆斯特丹和哥本哈根。这些人口密度不大的中型城市地势平坦，全年气候温和，适合骑车。

除此之外，自行车文化的发展和普及也需要政策的支持。例如，投入大量公共自行车、建设自行车道、重要站点附近提供安全便利的自行车服务站，都不失为鼓励人们骑车的好措施。

纽约也可以将一些街道变成专用自行车道，以增加自行车的使用率，但这也可能会引起一些社会矛盾，汽车和出租车司机肯定会不赞成。蒙特利尔皇家山区区长也认为，可以把一些街道改造成"自行车道"①以改善自行车的道路条件。但这项计划刚一提出，就引起了强烈的社会反响，因为将某些机动车道改为自行车专用道，意味着除了偶尔来往的外地车辆，一切机动车都将禁止在改造的自行车专用道上行驶。

其实这样做也无可厚非，毕竟机动车道已经饱和，需要为非机动车辆提供更多的空间。在蒙特利尔这样的地区，现有的沥青马路显然远远不够，为何不利用高架桥或者简单装饰过的地下防空洞通道，来改善这种失衡状况呢？

总体来说，自行车出行是一种可以减少能源消耗的有效方式，但事实证明，在全球大多数城市，自行车往往被视为机动车的一种补充方式，而且在减少能源消耗方面收效一直不够稳定，除了哥本哈根。

最后让人比较好奇的是，在哥本哈根骑行，头盔不是强制性的，而且大多数自行车后面都有儿童座椅，这一点和丹麦其他城市、瑞典、挪威还有加拿大等很多地方都不一样。

---

① 瓦莱丽·西马尔，《皇家山高原：自行车交通研究》，2013年1月9日。

从车轮到啤酒

哥本哈根是一个开放的城市，相较于它北面的邻国，它有着更多的节日。在奥斯陆，便利店不会售卖任何酒精产品，在挪威和瑞典，酒精更是没有立足之地，是日常生活中的禁忌。斯德哥尔摩现在已经允许出售啤酒，但酒精含量被限制在3.5%以下，酒精含量为2%的酒类最为常见。在餐厅，你只能喝到10美元（1美元约等于6.7元人民币）一杯且不含酒精的酒，其实它只是特别贵的葡萄汁。酒精在高纬度地区几乎成了一种奢侈品，在冰岛，酒精更是被禁多年，直到1989年啤酒销售才合法。

根据北欧和加拿大英语区的一些法律，我们可以推断出酒精饮料的地位与纬度存在着某种间接联系。越是靠近北极，酒精饮料就越是不普遍，当然，除非你住在西伯利亚。总之，享受北方城市提供的高质量生活的同时，必须遵守一些为人们健康着想的法规。

北欧的一些城市生活成本很高，就像加拿大温哥华，生活质量高，靠海，房价也很高昂，一般游客很少在那些地方长期停留，更少人愿意在那里享受烛光晚餐。最好还是在蒙特利尔享用吧！在那里，就连麦当劳都价格不菲。在奥斯陆，2012年，一个巨无霸三人套餐售价16美元，要比蒙特利尔贵两倍多。

那么到底是生活在挪威好还是生活在美国好？这个问题的答案对于环保人士和人道主义者显而易见，但对普通消费者来说，选择可能就有些争议了。2012年，纽约的汽油价格为每加仑4美元，但在奥斯陆，每加仑汽油价格却高达9.33美元。同期，蒙特利尔人需要支付5.1美元去买1加仑汽油，不过和那些平均每加仑汽油8.5美元的欧洲城市相比，蒙特利尔人已经很幸运了。

美世排行榜①将哥本哈根和奥斯陆同东京、新加坡、莫斯科和香港②这样颇负盛名的城市列入高消费城市排行榜不足为奇。猫头鹰旅行社2013年提供的数据也表明，对于那些想要留宿的游客来说，奥斯陆是成本最高的。

生态城市？

北欧城市给人的印象是，它们的确走在了治理环境和公共交通问题的前列。事实上，在美世的一项世界生态城市排行榜③中，卡尔加里荣居榜首，赫尔辛基第三，哥本哈根排在第八位，奥斯陆和斯德哥尔摩则并列第九，而蒙特利尔排在温哥华之前，几乎和斯德哥尔摩并列。

生态城市的评选要综合考虑空气污染、饮用水、污水处理、废物回收、交通拥堵和其他因素，这就像在法庭上要谨言慎行一样。

还有一个误解是，那里的居民都是坚决反对矿物能源的环保人士，如果你反对在圣劳伦斯湾开采石油，那么请去挪威的斯塔万格和苏格兰的阿伯丁看看吧，那里，无数夜以继日不间断工作的海上石油钻井平台会让你惊讶。挪威是一个石油出口国，也是一个电力可以自给的国家，正是得益于这些优势，它才有堪称世界上最好的社会政策。

---

① http://www.mercer.com（2010年的数据）。

② 根据2010年的排名，哥本哈根和奥斯陆分别位列第9和第11，排在纽约和伦敦之前，赫尔辛基和悉尼同样被认为是高消费城市（分别位于第24和第31），蒙特利尔的排名则比较靠后。

③ http://www.mercer.com（2010年的数据）。

在风能推广之前，丹麦所有的能源都需要进口，今得益于风能发展而拥有的环保形象，其实是为了减少支出而迫不得已的做法，实际上，丹麦是世界上可再生资源使用比例最低的国家之一。

邻家的庭院总是最好的，确实，斯堪的纳维亚和芬兰地区为人们提供了优质的生活条件，至少表面上如此。他们的城市居于世界城市排行榜的前列，但那里的社会价值观和魁北克地区还不完全一样，它们的风格更接近于传统的加拿大和英国地区。也许你不了解，瑞典人、挪威人和丹麦人已经很适应他们的君主体制。

对于价值观的讨论并不是为某种社会制度辩护，而是提醒大家，历史和社会不同的价值观影响着人们的生活和城市。与斯德哥尔摩和奥斯陆相比，哥本哈根似乎更加活跃一些，也更具有多元文化，和蒙特利尔一样，在哥本哈根，酒精饮料可以自由售卖，这更接近于拉丁民族的社会价值观。有些人热爱大自然和闲适宁静的家庭生活；有些人喜欢在漫漫冬夜里靠着炉边取暖；还有些人喜欢渥太华，讨厌超短裙的人应该考虑移居到奥斯陆或者斯德哥尔摩。

换句话说，想正确地融入奥斯陆或斯德哥尔摩，就要热爱体育运动和健康生活。如果是我，我会选择瑞典的首都，因为它是帆船的天堂和滑雪的乐土。

地形和气候也影响交通。在奥斯陆，人们不会像在哥本哈根那样广泛使用自行车；生活在蒙特利尔就必须向冬天妥协；纽约的街上人头攒动、车水马龙。此外，历史背景也是一个很重要的因素，斯德哥尔摩、赫尔辛基和哥本哈根的优质建筑往往都有国家或皇室等特殊部门的连续性投入。一般而言，这些城市往往都是首都，拥有历史悠久的人文古迹、知名的大学和令人心驰神往的景点。

后面要介绍的工业城市就没有这么幸运了，当然，这些理想城市的规模与当今世界的大城市不可同日而语，人们不会像管理一座有1200万人口的城市那样去管理一个城区只有60万人口的城市。

用作结论的其他数据

能源是另一个指标，它表明魁北克常被误认为落后于斯堪的纳维亚地区。事实上，魁北克是可再生能源发展领先的城市，2009年，它的可再生能源消耗占能源总消耗比重为47.3%，其次是挪威和瑞典，这一比重分别为43.8%和35.9%，远高于芬兰的24.2%和丹麦的19.5%。

令人意外的是，挪威和加拿大的初级能源人均消耗量相等，比魁北克人均消耗量要高（表2）。这张人均能源消费表反映出工业领域和资源部门的重要性，对于城市来说也如此吗？首要来看看住宅和第三产业能源消费的数据。

斯堪的纳维亚地区和加拿大比较接近，如果算上住宅能源消费，那里的城市能源消耗量将更小，但人均民用消耗差距并不显著，每个国家之间的差异可以通过暖气供应天数和人均占地面积来解释。比如在瑞典，独立房屋住户占总住户数的47%，在加拿大为27%。魁北克或者加拿大其他地区一般要比这些国家的房屋面积大两倍，欧洲地区的平均住房面积为100平方米，而加拿大为200平方米。但我们还要考虑到加拿大多数家庭的房屋都是复式的，或者有地下室，这在欧洲并不是很普遍。

表2　2009年北欧国家和加拿大各领域人均能耗（％）

国家或地区	总人均能耗	住宅	第三产业	交通	其他*
加拿大	7.53	1.06	1.06	1.69	1.58
魁北克	4.99	0.97	0.96	1.43	1.63
丹麦	3.37	0.80	0.36	0.80	1.41
芬兰	6.21	1.00	0.35	0.80	4.06
挪威	5.85	0.84	0.53	0.96	3.52
瑞典	4.88	0.75	0.46	0.83	2.85

注：统计数据因国家而异，例如在加拿大，住宅领域包括农业，但在欧洲则不包括。
交通领域包括商品的消费。
*包括工业部门能源消耗和未利用而流失的一次性能源。
资料来源：加拿大统计局和国际能源署（IEA）。

　　在商业领域，同斯堪的纳维亚地区的国家一样，欧洲其他国家的人均能源消耗也小于加拿大地区。虽然这些国家间的数据并不总是具有可比性，但一般来说，美国商业领域的人均能耗更大。在零售业领域，美国有很多大型超市，这也可能是美国商业领域能源消耗增加的另一个原因，而且美国人有冬季取暖、夏季使用空调的习惯。在此，我们发现，在摩天大楼办公并不是节省能源消费最有效的方式，这一点我们以后会说到。

　　交通领域的能源消耗统计数据可能会引起误解，因为货物运输也包括工业产品运输。但这些数据仍可以说明，欧洲城市的客运发展比美国城市更发达。蒙特利尔以高达30％的人选择公共交通上下班而成为北美有效公共交通发展的领头者之一，但相较于北欧城市，蒙特利尔这一水平并不算高。在哥本哈根，私家车使用率控制在26％，斯德哥尔摩和赫尔辛基分别为33％和41％。[1]

---

[1] http://www.urbanaudit.org（2010年的数据）。

大家公认，欧洲汽车的数量比美国汽车数量还多，这可以用几个原因来解释：欧洲行驶距离更短，车辆体积更小，再就是欧洲柴油发动机汽车更普遍，这些都提高了能源使用率。相比之下，魁北克的能源消耗比美国和加拿大其他地区更少。

捕风捉影的说法

捕风捉影的事情很可能会引起一些误解。人们不止一次听说，冰岛开始使用氢能源，或者是瑞典已经转向绿色燃料的使用，然而这些传言并不可信，这是2012年9月我们了解或证实了的事实。

冰岛只有一个使用氢气的公交车站，最多有十几辆使用氢气的公交车投入使用，而且这一计划已经被更具优势的天然气公交车所取代。

在斯德哥尔摩和奥斯陆，我们能看到很多公交车，但在我们参观这些城市期间，只在奥斯陆见到了一辆混合动力公交车，在斯德哥尔摩也只见到了一辆使用沼气的公交车，其他汽车都使用的是柴油。

"挪威已经开始使用电动汽车"，这是真是假？如果以有公共充电站示范项目来判定这是真的话，那么魁北克加拿大汽车协会（CAA）在蒙特利尔地区已经建了75个充电站。

总之，承诺有很多，成果却很少。奇怪的是，出色地完成这项承诺的竟然是一个美国城市。2007年年底，纽约市市长布隆伯格承诺，到2012年，纽约所有的出租车将使用混合动力。虽然我们在2012年秋天去纽约的时候确认这项目标并没有完全实现，因为维多利亚皇冠这一传统车型仍是汽车中的多数，但不能怀疑这一转型即将完成，因为福特翼虎、普锐斯、凯美瑞等混合动力车数量的增多也非常明显。

北欧理想城市概述

毫无疑问，北欧城市令人向往，无论是商业还是交通能源的消费模式，这些城市显然都比北美城市先进。

但因此以偏概全地得出所有北欧城市的能源消费模式都优于北美城市的结论是不严谨的。历史背景、城市职能、城市大小、社会价值观和社会总资产也是影响城市特点的决定性因素。从这个意义上说，斯德哥尔摩、奥斯陆、哥本哈根和赫尔辛基是比较类似的，但这些城市也只是西方大环境中的少数，而世界上还有那么多城市。

7. 城市之美

一座城市因何而美丽？首先可以肯定，居民对城市的评价并不总是准确客观，唯有时间才能做出公正的评价。毕竟长时间生活在一种环境中就很难再感受到惊喜，因为习惯了，所以对这种美就会变得麻木。有些人发现了城市的美丽之处，因为他们感受到了生活的美好。通过培养生活习惯，协调自己的脾性，这些人逐渐懂得如何与城市和谐相处。这就如同情侣间的相处之道，对方的美来自于外在吸引力和情意相通这两者的融合。

城市美丽与否通常是由游客们的印象所决定的，而细节往往决定成败。首先，一座美丽的城市应该是干净的，到处乱飞的纸屑、杂草丛生的人行道、荒地以及像长了"牛皮癣"的墙壁都会让游人对城市的评价大打折扣；其次，各种各样的商业促销活动不应该剥夺人们四处漫步、欣赏美景和瞻仰雄伟建筑的心情；再次，为了让人可以更好地欣赏街区的美景，城市需要为漫步者提供一个静谧而不必担心被疾驰而过的汽车撞到的环境。法国城市南特以及北欧一些城市践行了符合我们审美的"美丽城市"的想法。

纵然具备了无可比拟的美丽外表，世界上许多城市还是不能被称为美丽之城。有些城市我们去过一次就不愿再去第二次，而另一些城市却会让我们想要故地重游，比如墨尔本、悉尼、温哥华、芝加哥、波士顿和旧金山等。可惜的是，这些城市博物馆典藏的丰富程度不能和巴黎、伦敦以及纽约相媲美。为什么斯德哥尔摩和威尼斯对游客的吸引力如此之大呢？这些让我们向往的城市都有哪些共同之处呢？

水岸之边

接下来我们将从墨尔本启程，跟随那些见多识广的游者去发现城市之美。墨尔本居民的日常活动是怎么样的呢？不论年龄大小、时间早晚，甚至不论周末或者假期，墨尔本居民的生活总是丰富多彩的。体育爱好者慢跑、冲浪或者进行赛艇比赛。周六早上，有的孩子去上游泳课，有的则在海边冲浪。在海边的自行车道上，我们会偶遇自行车骑手，会与轮滑爱好者擦肩而过，也会遇到带着孩子遛弯儿的父母。大多数澳大利亚人居住在沿海城市，这个国家的帆船俱乐部数不胜数。在海滨公园里，随处可见遛狗和打板球的人。

　　除了新式甚至有些奇特的建筑外，墨尔本并没有什么特别之处。游客们走马观花，不会在墨尔本多做停留，旅行社的代理也是如此建议游客的。但如果在墨尔本停留的时间稍长一些，便会发现这座城市的优点。你会喜欢上那里的生活，觉得它充满魅力，甚至觉得这里的景色比悉尼还美。仅需一张车票就可以乘坐包括船在内的各种交通工具，曼利海滩是不可错过的景点。

　　有时候，我们并不会对一座城市一见钟情，圣地亚哥就是如此。生活气息浓厚是一座城市招人喜爱的标准之一。时值四月中旬的一个周五下午，四点多钟，市中心几乎空无一人，市区的居民都上哪儿去了呢？都去郊区的山丘地带了。我们继续向海边行进，在太平洋边，看到一条漫长的散步道，那里人潮涌动。每逢周末，那里到处都是人。

奥斯陆歌剧院屋顶。绿化好和临水往往是"最受欢迎的城市"的共同特点

加埃唐·拉弗朗斯/图

　　和很多城市一样，20世纪50年代到60年代，圣地亚哥在沿海修建了一条宽阔的公路。公路一旦建得不够美观或者有碍海滨的风景，想要恢复美丽的自然景观就非易事了。通常，即使要对公众再次开放海滨地区，也不会破坏原有的公路。相反，如果限制车速，在海边建设绿地公园，则可以减少道路妨碍海滨景观的负面影响。这方面可以参考芝加哥和波士顿等很多美国城市，它们和圣地亚哥一样，成功地还滨海景观于民。

　　不过也应指出，上述城市诞生在一个水路交通及运输占很重要地位的时期，它们有悠久的历史，曾饱经沧桑，因此可以重新振兴在海边的遗产，赋予它们新的价值。这是好事。

　　在加拿大，魁北克人在利用或恢复海滨遗产方面也颇有经验。尚普兰大道就是一个值得认真研究的典范。

尚普兰散步长廊方案

　　尚普兰大道建于1960年至1970年间，坐落在圣劳伦斯河畔。修建该大道的目的在于缓解战后汽车数量增长带来的交通压力，这一工程导致了福隆路部分路段的消失和一大片海域被回填，一段荒凉的人造河岸也因此诞生。这条四车道的公路中间有隔离带以便提高行车速度，但居民们也因此无法去圣劳伦斯河河岸了，而那条河是魁北克省的国家文化遗产。

　　修建尚普兰散步长廊的方案始于20世纪90年代末，最终，在2008年，即魁北克建城400周年时付诸实施。工程的目的在于恢复河岸一些被破坏的区域，将河堤向公众开放，并丰富河流景观这一自然遗产。

在圣劳伦斯河北部短短的河段周围，分布着很多湿地、河口、海滨胜地、河堤、海港主道、人文景观以及可以改造成城市生态系统的临水区域，在治理河段的同时还打算修建一段海滩。

经过一系列公共协商后，公民参与了相关决策的制定。正是由于这种多方参与，如今的尚普兰散步长廊提供了多样化的活动：自行车、轮滑、足球、步行、帆布划子、野餐、文艺表演和公众艺术表演等。这项工程也从美洲印第安历史、传教士驻地、海军旧址、油库等遗址中得到很多启发。

大道建成几年后，在总结这一改造重建工程时，评价很高，因为长廊对圣劳伦斯河流域进行的开发利用集生态、娱乐和观光为一体，这样的景观值得一看。

魁北克的例子说明，自然遗产可以兼顾保护与开发的双重目的。自然景观遗产这一概念是近年才形成的。18世纪，城市景观派画家首次用他们的画作展现了自然景观，直到19世纪30年代，随着英国贵族观光旅游的兴起，自然遗产保护才得以发展。从19世纪中叶开始，铁路的发展打破了海滨或河岸景观与世隔绝的状态，也发展了现代娱乐活动，这些都促使自然遗产规模的扩大。

20世纪五六十年代，高速公路的兴建破坏了一切。幸亏，人们重新对海滨地带产生了兴趣。

然而，必须承认，城市景观的建设是有难度的，景观也很难被准确定义，它更多是通过具体的景象而非抽象的定义体现出来的。在《欧洲风景公约》中，景观的概念被定义如下："个人或集体通过对土地的属性、特征及所有者的认可，判定该土地是否具有价值。自然遗产的客观价值与集体认定相关，即在与之相关的人群看来该土地是否有价值。"自然遗产的概念便由此而来，它与社会的某种价值认同相关。

多蒙等人在2000年合作出版的一本书中，界定了具有遗产价值的三类景观（三者可同时存在）：一、象征性景观；二、能带来身份归属感或认同感的景观；三、近处的景观。象征性景观指所谓的"天然文物或者自然纪念物"，如加斯佩的皮尔斯巨石；能带来身份归属感或认同感的景观指"明显具有集体感"的风景，如蒙特利尔老城区；近处的景观则指与居民生活密切相关的"日常生活经验"。

就像墨尔本和圣地亚哥的漫步大道一样，魁北克的漫步大道也可以被视为"近处的景观"，因为它已经成了许多魁北克市民日常生活的一部分。而尚普兰散步长廊更像是能带来身份归属感或认同感的景观，因为长廊边的圣劳伦斯河在魁北克历史上举足轻重。

在"河流之友"组织的努力下，2010年3月22日，圣劳伦斯河在国际水源日这天被宣布成为加拿大国家遗产。圣劳伦斯河可以说是国家的象征物，成了加拿大人身份认同与自豪的源泉之一，同时也是魁北克及本地文化发展的关键要素：这条河塑造了当地的景观、经济和社会，是大量艺术家灵感的源头，代表了一个卓越的生态系统。在保护和开发河流资源方面，尚普兰散步长廊的修建并不是唯一的例子，蒙特利尔港务公司是另一个以"让城市亲近河流"为使命的机构。

从这一讨论中，我们能学到什么呢？正如本书前几章所说的那样，令人向往的城市应满足某些标准，这些标准会给当地人带来美好的生活，并呈现给游客积极向上的一面。滨海遗产的开发是发展旅游业的另一个手段，和有轨电车的修建一样，景观的价值与发展和土地再评估相关。这些措施常常为景观开发地区的可持续发展提供了全新的机会。

有时候，只需一点点努力便可以改变一个街区或者一座城市。

在这方面，尚普兰散步长廊是一个典范，因为这样的城建举措首先具有美化城市市容、改善居民生活水平的使命，该长廊的修建使它所在的城市也进入了最受欢迎城市的行列。就其本身来说，这对于商品的销售和服务消费的影响不大，相反，长廊的修建是鼓励人们使用如自行车之类的人力交通工具。有时，一种出行文化的改变，能迅速促使交通方式朝更加生态环保的方向发展。

对于河流沿岸的其他城市而言，这意味着什么呢？首先，让生活再次亲近一度被联邦政府放弃的河岸。和安大略省的人相比，魁北克人往往令人泄气，他们不喜欢植被，对保护历史遗迹也不感兴趣。

过去，圣劳伦斯河边的村庄里有两处人群聚集场所：教堂的露天台阶和码头。如今人们已经很少再去教堂露天台阶，那为什么不对居民开放码头呢？只需在一个夏日的午后，站在圣让·朱莉港口，你便会看到这项措施带来的改变。

8. 受欢迎城市的共同点

为什么一些城市总能得到媒体不吝篇幅的赞赏呢？为什么墨尔本、悉尼、温哥华、哥本哈根、赫尔辛基、斯德哥尔摩和波特兰总是能吸引媒体的注意力，而魁北克却不能呢？魁北克的记者总是对蒙特利尔进行一些负面的报道，这又是为什么呢？事实上，令人向往的城市有些共同而简单的优点，我们接下来将讨论它们的共性。

富裕的西方城市

位列最受欢迎榜单的城市都有着重要的经济和政治地位，这些城市往往位于加拿大、澳大利亚或者北欧。斯德哥尔摩、赫尔辛基、维也纳、墨尔本、温哥华、卡尔加里、渥太华、魁北克和其他很"干净"的城市，基本都是首府或区域中心，它们经济发展较好，失业率对城市影响不大。这类城市可以说是公务员城市，通常具有一切令人身心愉悦的因素：广阔的绿地、自行车道、河边的散步大道、宏伟的建筑物、博物馆和高等学府等。不过，对它们更深入地了解后，我们会感到一丝平淡和乏味，这些城市似乎过于安静了，渥太华就是这样的例子。

人口密度低的小型城市

从赫尔辛基、南特、温哥华、波特兰、阿德莱德到珀斯，我们可以发现一些相同的数据：城内人口密度通常低于每平方公里1000人。而当今特大城市市区的人口密度高达每平方公里25000人。

人口密度低和居民高度富裕会导致高消费，但积累下来的财富，可以部分补偿建设高效公共交通系统的超支费用。

治安良好的城市

城市治安良好与人口密度低、城市富裕是相辅相成的。如果在夜间漫步仍感到安全，那么这座城市便会得到人们的喜爱。城市的犯罪率往往与城市规模相关，不过，这里存在一个矛盾：一座城市越是安静，夜里散步的人就越少，犯罪率也就越低。

风光之城

悉尼、旧金山、温哥华和斯德哥尔摩，这些城市有哪些相同之处？首先，都临海，其次，都建有步行街，最后，都拥有大面积的绿地。这里风景宜人，应有尽有。

第三产业与文化建设

由于现实的需要，今天的"魅力城市"成功地将城市发展方向转向了知识和文化产业。

堪称卓越的交通运输系统

有一个普遍现象，即一座令人向往的城市往往拥有超出普通城市水平的公共交通网和非机动车交通网，步行与骑行被赋予了特殊的价值。通常来说，机场也设有相应的停车站点，方便乘客前往市区。中心城区的交通非常方便：有轨电车、地铁、公交车专用道一应俱全。

波特兰、圣地亚哥、悉尼或墨尔本在市中心都设有免费公交车。以波特兰这座城市为例，在出行高峰期以汽车为交通工具的出行占所有交通方式比重的94%，然而即使在北美最出色的城市蒙特利尔或纽约，该比例也只有70%。

绿色和可持续发展的城市

我们接着上面的内容继续讨论。绿色和可持续发展城市的形象和标签在全世界开始流行，但如何定义一座城市是否"可持续发展"呢？在这方面，市场营销学可能有所帮助。有时候，只需建设一个生态小区，城市就可以从毫无生气变得生机盎然。当布拉德·皮特这样的知名艺术家参与进来之后，这就变成了一种荣誉。新奥尔良便是通过这样的方式建设了自己的"智能社区"。

不过，城市还需要更多的投入，才能在国际排行榜上占有一席之地，赢得胜利的关键在于对智能型城市化进行投资。城市治理呈现出两个特点，一是同质化，二是高雅，这没什么可惊讶的。

非典型城市

世界最受欢迎城市组建了一个俱乐部，该俱乐部筛选标准严格，共有二三十个成员。这些城市属于人类发展指数（HDI）相当高的国家：丹麦0.89，瑞典和德国0.90，加拿大0.91，澳大利亚0.93，挪威0.94。[1]作为对比，我们看到非洲萨赫勒地区的国家人类发展指数通常低于0.3。然而，俱乐部成员所代表的城市人口占世界城市人口的比例不到10%。

必须意识到，大多数普通人是几乎不可能有机会生活在这样的城市里的。在财产置购方面，温哥华是加拿大物价最昂贵的城市，欧洲情况更严重。但是谁会为了生活在梦幻般的斯堪的纳维亚而支付超过普通油价两倍的汽油费呢？更不要说在挪威的一些

---

[1] 要了解各个国家的人类发展指数，请咨询谢尔布鲁克大学数据库：http://www. perspective. usherbrooke.ca.

"美丽城市"，周末晚上的一次两人晚餐可能会花光您一个月的收入，要知道，许多挪威人是不会去餐馆进餐的。

9. 荣耀有时转瞬即逝

库里蒂巴的例子说明，一座城市可以在交通系统规划方面保持原创性，但这也只是让一座城市变得宜居且充满魅力的一个因素而已。当今，许多城市的功能严重老化，比如墨西哥的阿卡普尔科就不再是20世纪60年代的那座梦幻之城了，随着时间的推移，它的社会问题越来越多，导致游客也越来越少。2012年，该市宣布破产。几个月后，美国的底特律也遭遇了同样的命运。为了保持在魅力城市榜单上的地位，城市需要控制人口增长，并由政府对经济进行合理干预，当然，这并不那么容易。

二、不受欢迎的城市

通过对受欢迎城市榜单的分析，我们可以看出，一座城市的受欢迎程度由多种因素决定。例如，如果以历史、文化生命力和独特的建筑为参考依据，没有人会否认纽约是一座充满魅力的城市。但也有人会因为一些普通的原因而厌恶纽约：糟糕的天气、简陋的旅馆、不怎么友好的当地人。甚至有榜单专门对城市进行负面评估。美国一家旅游休闲类杂志《旅漫》将纽约列为2012年全美最令人反感的城市：粗鲁的司机、冷漠的行人和超过800万人的拥挤人口……巴黎难道不也是如此吗？

评价城市的标准是多样化的，不过，世界上某些口碑不佳的城市之间的确存在一些共同的特点。

要了解这些城市不受欢迎的原因，只需对黑名单上的城市进行分析。位于该名单倒数十名内的是那些居民无法享受美好生活的城市，其中六个位于非洲，剩下四个属于世界游客眼里"不友好"的国家。的黎波里、德黑兰和阿尔及尔之所以"榜上有名"，是与所在国的政治环境有关。对国际事务稍有了解的人都明白，拉各斯和阿比让这样的城市并不是旅行或安家的理想去处。

这些乏味的城市被贴上肮脏的标签，且往往缺乏水电等基础设施建设，住宅区肮脏不堪，生活在贫民窟里的居民比例远高于其他地区。与美好城市榜单上排名前十的澳大利亚和加拿大的城市相比有天壤之别。

换一个角度看，不受欢迎的城市大多属于特大型城市。通过对世界上一些经济落后地区的贫民窟和卫生条件差的住宅进行考察，我们注意到，在撒哈拉以南的非洲地区，人们的生活水平基本处于世界水平末端：61.7%的居民依旧无法享有卫生条件达标的住房。值得欣慰的是，从1990年开始，这些城市似乎在朝好的方向发展，然而，生活在缺乏基础设施地区的居民数量依然在增长。

如何改变这些城市的现状呢？这是一个需要全人类共同参与、客观讨论的大课题。全世界约有2亿经济落后的城市居民无法使用电力（乡村居民为12亿）。在这些居民中，很大一部分人没有取暖和做饭所需的能源，依然在使用生物能源或者低效的固体燃料，甚至连清洁的水都难以保障，更不必说拥有自来水设施。总之，要做的事情还有很多。

表3揭示了贫民窟和卫生条件不达标的住房在发展中国家的比例，这些国家主要集中在非洲。如果我们分析20年来亚洲和拉丁美洲的发展，所见情况则会比较乐观。这些城市的贫困人口的绝对数量一直在增长，但比例却在下降。正如我们之前所解释的那样，居住在城市里的人越多，社会就越富裕。

经济落后城市的另一个负面特点，是工业能源消费在能源消费中占主要地位，这也是空气质量恶化的重要原因（表4）。即便是在中国这样的新兴国家，工业在能源消费方面也占据主要地位。相反，发达国家第二产业的主导地位已经被第三产业取代，居民生活能源消费占了能源消费总量的很大一部分。与经济落后的城市相比，发达城市交通领域的能源消费在能源总消费中所占比例相对较大。

但也有例外：新加坡既是一个富裕的城市，也是一个发达国家，这就解释了为什么工业在新加坡占很大比重。

表3 发展中国家或地区贫民窟和卫生不达标住房情况统计（%）

（部分地区卫生不达标住房人口占该地区总人口比重）

	年 份			
	1990	2000	2005	2010
撒哈拉以南非洲地区	70.0	65.0	63.0	61.7
拉丁美洲	33.7	29.2	25.5	23.5
东亚	43.7	37.4	33	28.2
南亚	57.2	45.8	40	35
发展中国家	35	39.3	35.7	32.7
涉及人口（百万人）	656.7	766.7	795.7	827.7

资料来源：联合国，《世界城市化展望》（2007年修订）。

表4 多城各领域能源消费对比（%）

城市	工业	住房	交通
上海（1998）	80	10	10
北京（1998）	62	30	8
新加坡（1999）	41	54	5
墨西哥城（2004）	34	13	53
首尔（1998）	18	57	25
纽约（2003）	13	51	35
东京（2003）	9	53	38
柏林（2000）	9	56	35
伦敦（2003）	6	68	26

资料来源：《联合国人居署全球城市观测站（2008年）》，第8章。

什么样的城市最适合人类生存，这种讨论是无休止的。总而言之，贫困是最重要的负面因素，人口密度也是重要参考因素。

生活在人口密度2.5万人/平方米的地方和生活在人口密度1000—2000人/平方米的地方，情况完全不同，正如宜居城市排行榜所显示的——没有人喜欢一座空气污浊的城市。

　　经济落后的城市往往没有完善的交通系统，而且社会治安令人担忧。即使在西方国家，也鲜有城市可以得到游客或者环境保护主义者的三星好评，何况一些城市有时会因为一些莫名其妙的事情而不受人们喜爱，这是下一章我们将讨论的内容。郊区又怎么样呢？在一些人看来，这也是一个问题。

　　除了污染问题，经济落后的城市还缺少能源。2012年7月31日，印度遭遇了史上最严重的停电事故，该事故波及人数超过6.7亿。全印度除了1.5亿人无法用电外，还有一半人口用电受到影响。停电事故归咎于多种因素：从1951年开始，印度便无法达到既定的电力生产目标；为了解决因人口增长和生活质量提高而产生的用电需求增长问题，这是无法避免的；2012年的旱灾又让水力发电出现巨大缺口。

　　该事件再次证明，城市经济越落后，就越无法满足居民的基本能源需求。因此，简单地比较人均能源消费是不科学的，不能作为衡量世界城市践行环保措施力度的唯一标准。

1. 没落的城市：从格拉斯哥到底特律

　　"你们今年去哪儿度假了？"

　　"我们去了格拉斯哥。"

　　"格拉斯哥？呵呵！不错的旅行！你们获得了苏格兰彩票安慰奖三等奖吗？"

怎么会想到去格拉斯哥旅行呢？更何况是在阴雨绵绵的九月！步履匆匆的游客来到苏格兰，往往只为参观爱丁堡和阿伯丁：这两座城市都和格拉斯哥一样，有着黑黢黢的石头和阴森森的建筑，且天气变化多端。然而与格拉斯哥不同的是，这两座城市充满了神秘气息，天气愈阴沉，草地就愈葱茏，花开得愈繁盛，缕缕薄雾给建筑物增添了一份神秘的气息，氤氲雾气中，样式古怪的街道散发着浓郁的莎士比亚风情，而格拉斯哥却什么也没有。

不论时间是否充裕，游客都不会去格拉斯哥的。35年前，我们去苏格兰旅游的时候，别人就不建议我们去格拉斯哥。它没什么名气，也不受文人的青睐，甚至可以断言，格拉斯哥对游客从来就没什么吸引力。这没什么奇怪的，通常，游客不会去参观工业城市，更不会去工厂集中的地方。

我们在格拉斯哥经商的时候，这座城市正处于快速发展的大好岁月，150多年间，格拉斯哥成为大英帝国的第二大城市，其繁荣归功于它在大西洋贸易路线上优越的地理位置。自18世纪起，来自美洲的烟草和棉花源源不断地被运到格拉斯哥的工厂，缝纫机制造等技术的运用也促进了其他工业的快速发展。

第二次工业革命期间，英国跃居世界第一大国。贝尔法斯特和格拉斯哥这样的北方城市，通过发展造船业，成功实现工业转型，成了该领域的顶尖制造基地。20世纪初，这些城市在技术领域已位于最前沿。泰坦尼克号就是在贝尔法斯特这座默默无闻的城市制造的。很令人惊讶，不是吗？

在过去的150年里，其他类型的工业也为上述英国北方城市的经济发展做出了巨大的贡献。贝尔法斯特是世界绳索制造中心，它带动了相关产业的发展。格拉斯哥的制糖业和啤酒制造业养活了几代人，更别说来自苏格兰高地在这里中转的农产品、牲畜和牛奶等了。

　　20世纪的格拉斯哥几度进入衰落期，一战后这座苏格兰城市经济萧条，20年代末又经历了世界经济危机。到了二战期间，战争需求一度让其经济有所恢复，但战后不久，格拉斯哥的优势便减弱了，自此进入了一个漫长的经济衰退期，快速的去工业化进程导致了高失业率。

　　同时，格拉斯哥面临人口迅速衰减的严峻问题。20世纪20年代，市区人口超过100万，然而到了世纪之交时，人口下降到了58万。人口骤降给城市带来了持久的负面影响，虽然之后有些地区重建了，但如今的格拉斯哥依旧随处可见废弃的建筑和破败的房屋。现在，这里的经济已经复苏，但部分街区仍然萧条不堪，它被视为世界最安全的城市之一，但在人们心中的形象已经难以挽回。

　　往日荣光一去不返。格拉斯哥之旅让人倍感惋惜，但它的发展历程对转型中的城市仍具有教育意义。经济结构由重工业和制造业向第三产业转型的过程不是一帆风顺、一蹴而就的。如果人们不保持警惕，造成的损害就可能是永久性的，尤其是在地区发展规划方面。南特是产业成功转型的典范，而格拉斯哥却算不上。

　　格拉斯哥在困难时期显然没有优先考虑城市规划，它还有更"重要"的事要做。市政府对想修建仓库、汽车修理厂、金属回收站的人大量发放许可证，结果，中心城区外围出现了一大片杂乱无章的各种用途的商业建筑、停车场、改建仓库、毫无生机的办公楼、高速公路及立交桥等等。

　　有的街区仍保留着的一些修建时间可以追溯到维多利亚时期的住宅建筑，今日仍让人赏心悦目。大多数老住宅建在旧工厂或者港口遗址上，这种规划对城市的发展具有积极作用，但这些美丽的建筑也成了城市乱象中的沧海一粟。

格拉斯哥的城市规模越扩越大，汽车无处不在，美与丑相互交融，没有明确的界限，最终沦落得像那些没有灵魂的美国城市一样。

访问格拉斯哥中心城区有助于理解它的现状。教堂前面的广场是最引人关注的地方，广场附近，一座和教堂风格相仿的老建筑也不容错过，窗口贴满了张贴告示。在距公交车几步远的地方，一张寻租告示十分醒目。导游告诉我们，格拉斯哥超过半数的教堂都被废弃或出租用于其他用途，而面临废弃的历史遗产还远不止是教堂。

当然，格拉斯哥的某些角落仍然折射出昔日的辉煌。工人们居住在三层到四层的成排公寓里，顶楼有天窗，屋顶呈30度斜坡，每座房屋被烟囱隔开，烟囱证明这里曾使用煤炭取暖。这些建筑可以追溯到工业革命时期，用毫无装饰的混凝土堆砌起来的墙面看起来冷冰冰的，透着一股严肃冷峻的气息。总之，这里就是工人阶级的容身之处，一座座房屋连绵不绝，看不到尽头，其实只需几束花草、三两幅画，稍微有些绿地，小区之间彼此协调，遥相呼应，建筑群便可以魅力倍增，相映成趣，看起来也就不那么像兵营房了。可惜，格拉斯哥不是都柏林。

风景宜人的公园附近到处是铁皮屋顶的小商店，看起来就像在发展中国家一样，这如何解释？一些待修缮的破落建筑坐落在运河附近，裂开的墙壁需要重新粉刷，有些甚至更换窗户。在距中心城区不远的地方，我们注意到一些改作他用的建筑，其千疮百孔的墙面证明，不久前这里曾经历过一场破坏。

关于格拉斯哥的评价似乎总是贬多扬少，有时缺乏客观性，这种分析评价即使不全面，也还是在一定程度上揭示了部分真相：20世纪末，欧洲一些重工业城市试图重新规划城市发展，掩盖自己在城市遗产保护方面的不足。可惜，人们选择了最容易的办法，结果导致城区扩大、汽车增多，城市规划遭遇了失败。

同样的现象20世纪也在北美洲出现过。与亚洲之间的激烈竞争导致几家造船厂倒闭，这让我们想起了魁北克纺织工业曾经面临困难，最终导致大量魁北克人涌向新英格兰。同北欧一样，蒙特利尔的烟草工业、各个制造业（例如制糖业）的衰落，对某些街区，如西南部和拉欣运河周边等地区造成了严重后果。近期，某些以单一产业（如新闻纸生产）为主的市镇开始意识到峥嵘岁月一去不复返，未来将属于平板电脑制造业。

没有哪个国家避得开工业频繁变迁的问题，当前的美国梦就是这样被动摇的。在这个问题上最典型的就是底特律，2008年，整个美国的命运似乎都系在这座城市上，以后的数十年将更是如此。

然而，谁想过要去底特律旅游呢？① 在20世纪五六十年代，穷人和富人一样，都希望拥有一辆凯迪拉克，这是为了更方便地去教堂做弥撒或去海滩上漫步，而并不是参观汽车之城。到了70年代，在嬉皮士的一支支游行队伍中成长起来的婴儿潮一代，节衣缩食只是为了去一趟旧金山。之后，政客们幻想入驻华盛顿，商人渴望立足华尔街，建筑师对芝加哥情有独钟，曼哈顿则是艺术家的神圣殿堂。再之后，他们中的一些人开始环游世界，对有些人来说巴黎毫无疑问是最美丽的城市，另一些则对巴塞罗那、威尼斯和布拉格格外青睐，还有一些好奇分子被上海与河内深深吸引，开罗和雅典则是历史爱好者的天堂。对环保主义与人文主义知识分子来说，北欧城市是完美的典范，底特律则一无是处。

① 塞尔日·布沙尔，请参阅其《猛犸象时代》的"向底特律致歉"一章，伯瑞尔出版社，2012。

这些地方我们都去过了，我们甚至穿越了整个北美洲，然而却从未踏上过底特律的土地。

但是，底特律是汽车的诞生地，有全世界其他城市没有的一个名号：汽车之城。在75年多的时间里，通用、福特和克莱斯勒等汽车制造商依托石油工业的发展，成为世界十强。但到了21世纪，情况发生了变化。

如今，底特律陷入了危机，这是一座破产的城市，就像受到诸神的诅咒，就像命运之神将它遗弃。而在不远的昨天，它还是汽车文化的骄傲，是汽车世界的圣地，是一座被上帝垂青的城市，是镀铬的美国梦。可是一夜之间，底特律成了罪恶之城，成了牺牲品，人们从城里搬离，与它有关的一切都被遗忘。昔日的汽车之城在角落里苟延残喘，没有人对它的失败感到痛心。底特律成了美国工业体系破产的替罪羊。①

历史是无情的。回顾格拉斯哥和底特律这两个昔日工业帝国的象征，我们便深有体会。它们得到过一切，也失去了一切。许多有相同背景的城市拥有重振的力量和复兴的希望，但还有一些城市，摆在它们面前的是崎岖的道路。2013年2月，底特律宣告技术性破产，它将变成什么样子呢？也许不久之后，我们就会知道底特律是否能从灰烬里重生。

---

① 塞尔日·布沙尔，请参阅其《猛犸象时代》的"向底特律致歉"一章，伯瑞尔出版社，2012。

2. 丑陋的城市

什么叫美丽的城市？美丽的城市不需要任何工业。

世界最大的"丑陋"制造者正是工厂、工业、工业革命。工业催生了丑陋。当一个地区以提供能源为主要目的，以工业化为主要方向；当整座城市只顾发展经济，经济逻辑成为唯一逻辑的时候，经济发展就变成了唯一法则。以人为背景，随意建造墙壁、烟囱、实用性建筑让人心生畏惧。在那里，唯一令人赏心悦目的也许只剩空地了。[1]

但当这种"丑陋"因为某种目的被建立时，它便会受到消费其果实的人所期待和鼓励。实际上，这种"丑陋"是被多种因素塑造出来的，包括时效性、消费型社会、富人、城市居民以及那些在第三产业中有份好工作的人。

美是富人的艺术和文化，是富豪区、私人领地、美丽的花园、熙熙攘攘的步行街、具有教育性质的博物馆、展览和节日等。"这是人类的悖论，他们在致富过程中破坏了世界，在围墙后面创造美，给自己留下所谓文明的城市和特别的瑰宝。"[2]

通常，在一个设计合理的工业城市，西部充满魅力，东部则显得丑陋，丘陵地带的空气要纯净一些，因为有风。我们能够改善这种情况吗？除非铲除富人，就像英语中所说的那样"Hit the rich"。然而，如果像苏联一样进行整齐划一的改造，城市将变

---

[1] 塞尔日·布沙尔，请参阅其《猛犸象时代》的"向底特律致歉"一章，伯瑞尔出版社，2012。

[2] 同上。

得单调乏味。

　　一座城市，如果有幸没有被历史严重破坏，那么它越是富有，就越有可能变得美丽。成为公共事务管理中心、皇家所在地、首都，比成为一座工业发达的城市要好得多。

3. 不受欢迎的城市

　　2011年对蒙特利尔来说是艰难的一年，几乎什么坏事都摊上了。梅西埃大桥因为安全隐患而被关闭；玛丽城高速公路的一块遮光板摇摇欲坠，人们很担心隧道里其他遮光板也出现同样的问题；尚普兰大桥能不能坚持到年底都成了一个问题。2011年圣诞节前夜，交通部部长毫无征兆地宣布，路易-希波吕忒-拉封丹道桥隧道将关闭三日。这是那一年中最糟糕的时候：卡车司机和商人无比愤怒，魁北克一半的经济活动面临危机！

　　2012年和2013年同样是坏事频发的年份。新年的到来并未呈现出任何好转的迹象，反而道路上布满了路障和禁止通行的交通牌，城市南岸的大桥有五分之三的部分需要进行大规模修缮，图尔科高速路交汇区也需要重建。"过桥税将是过去式，我们将使用效益更高的停车收费码表。"幽默作家斯蒂法妮·拉伯特在年末出版的杂志上开玩笑道："欢迎来到蒙特利尔，这是一趟没有归程的路。"人们喜欢将蒙特利尔和波尔多放在一起比较，因为两者都同样有阳光明媚的天气，但是如今，这一对比有了新的含义，波尔多是葡萄酒之城，蒙特利尔则是软木塞之城（在法语中，"软木塞"一词也有"堵车"之意）。

一座城市再次进入发展双重受阻的阶段，这不得不令人惊讶！有人说，蒙特利尔一直发展疲软，内力不足，这是时代特征。这种失败来自城市压抑的基因和自己"怀才不遇"的命运。

丑陋的城市

一座城市变得令人不悦是从美感缺失开始的。只需对媒体的相关报道做一个总结，就能知道蒙特利尔的名声丧失得有多严重。冰冻三尺非一日之寒，如果说2008年到2011年这四年间，报纸上热议最多的话题排行榜值得信赖，那么蒙特利尔人就没有任何为自己的城市感到骄傲的理由了。当地的媒体在报道蒙特利尔的相关新闻时，并不会刻意避开负面新闻。在一篇5万字的分析报道里，保守主义、腐败、破败的基础设施、人口向郊区外流、缺乏修缮的道路、卫生状况差、城市老化等字眼层出不穷，且一个比一个负面。[1]

如今，人们已经深信蒙特利尔无可救药了。一位同事对蒙特利尔混乱无章的发展进行考察后得出结论说：蒙特利尔是一座千疮百孔的城市。发展良好的地区紧邻荒地及年久失修的高速公路；历史遗迹四散分布，通常紧挨着毫无美感可言的建筑物。圣劳伦斯大街东部总是笼罩在西部的阴影下。皇家山上，富人们住着气派的豪宅，趾高气扬地俯视着谢尔布洛克大街上拥挤的居民房，还假惺惺地同情人们的处境。

当然，这么评价蒙特利尔未免有点夸张。相反，有一点十分明确：蒙特利尔美与丑相生共存。原因很简单：蒙特利尔就像一

---

① 参见媒体经常重复的典型，玛丽-克劳德·玛尔伯夫，《远方的美丽》，《新闻报》2011年3月12日。

位370岁高龄的妇人，它经历了各种潮流的建筑风格的影响。可惜的是，法国的制度没有给这座城市带来太大的影响。蒙特利尔从一个乡村发展而来，最初有皮毛加工等若干特色产业。1800年，该城只有9000人，直到工业革命时期，它才迎来自己的大发展。从1850年到1900年，人口由5.7万人激增到27.7万人，到了20世纪40年代，人口增长令人惊叹，达到了90万人。

蒙特利尔拥有自己的光辉岁月，它曾是一座充满魅力的城市。然而，近60年来，蒙特利尔市的人口水平保持稳定，维持在100万左右。[1]当今的住宅类型也分为独门独院住宅、连体别墅和公寓等类型，公寓的历史可追溯到第二次世界大战前。别忘了，魁北克省制定的关于房屋隔热节能规范的第一批法律于20世纪60年代投票通过。这一点很重要，因为我们将谈到蒙特利尔的能源消费问题。同时也应知道，1929年的大萧条是蒙特利尔人口增长的一个重要时期，那时，法语区居民普遍从事低端产业工作。

蒙特利尔的英语区依稀可见曾经的光辉岁月。和格拉斯哥、波士顿一样，蒙特利尔也曾是一座富裕的城市，工业革命对它的发展产生了巨大影响。而旧法语区的居民往往经济状况一般，无法负担高消费的生活，整个区域的建筑风格整齐划一，即著名的楼梯在室外的复式楼风格。法语区另一个特点是道路混乱无规划，到处是由灰色板材搭建的厂棚和生锈的铁制楼梯，街区间彼此没多大差异，毫无特色。

关于蒙特利尔的"美"与"丑"的讨论还是颇有裨益的。简短回顾蒙特利尔的历史，能让我们更好地理解它的建筑情况，这些建筑充满年代感，而且在建筑学上也颇有价值，同时也能告诉

---

[1] 2002年，蒙特利尔市区范围扩展至整个蒙特利尔岛，所以现在的官方统计人口达到190万左右，而2002年前只有100万左右。

我们蒙特利尔中心城区为什么发展相对停滞。毋庸置疑，一些房屋被翻新了，可还有一些房屋因为要建设高速路或要腾出空地而被废弃或被拆除。虽然旧房屋隔音隔热差、面积小、采光不佳、缺乏绿化，但因为人们的眷恋之情，它们有时可以卖出令人不解的价钱，不过也只是少数。新组建的家庭还是倾向于在20世纪60年代发展起来的郊区购置新房，蒙特利尔的郊区现状说明了这一点。

根据词典的解释，"丑陋"的定义是：因缺乏美感而带来不适感，或简单地说，与"美"相悖的概念。因缺乏同一性而导致的杂乱无章和彼此间过于相似都是不美的，建造于20世纪六七十年代的住宅群很多都不具备美感，原因在于它们是外形设计相同的公寓楼，既无个性，也不彰显建筑的生命力。这种情况在蒙特利尔更糟。某些街区的风格彼此相仿，一片片相同样式的建筑蔓延开来，公寓附近很多破败的住宅楼更是毫无美感可言。然而，购房者会用超出想象的价钱在这样的街区里买下一套公寓。

蒙特利尔是一座建筑风格不统一的城市，这也是它遭受批评的一个原因。它缺乏整齐划一的建筑，城市遗产也没有得到充分利用，开发商缺乏审美情趣，城市规划漫漫无期，这些都导致蒙特利尔缺乏美感。

灵魂重要吗？

一些专家认为，蒙特利尔是一座"丑陋"的城市，这种观点有失偏颇。它的美需要我们去探索，漫步在大街小巷，我们能发现一些美得令人叹绝的建筑遗产，懂得取舍才能发现蒙特利尔的美。在此必须说明一点，美是一种主观的、转瞬即逝的感受。

面对一件艺术品，如果必须聆听专家的讲解才能理解它的美丽之处，那么花在理解上的时间便会让我们瞬间丧失对那份美的体会。

另一些人则认为外在并不重要，灵魂才是最重要的。从整体上看，我们承认蒙特利尔并不是美丽的化身，但如果将城市的街区分开来单独欣赏，很多地方还是各有其美的，当然，这取决于我们的品味和性情。随着时间的推移，每个人都可以变得神采奕奕、美丽十足，前提是要勤于打扮自己，但最重要的还在于努力提升个人的内在精神和品质。

城市的灵魂对上海、蒙特利尔、布拉格、巴黎、伦敦和纽约也同等重要。有人认为没必要拿蒙特利尔和这些城市比较，对城市品质进行考察时，我们会发现，蒙特利尔并不是一个反面例子，但这座城市不仅自我感觉不好，甚至陷入了低迷状态，和那些不停地自我贬低的人一起生活是没有乐趣可言的。

对蒙特利尔的负面评价不仅是外在审美方面的，这座城市的经济状况也不容乐观，政府部门做出的努力远远不够。"北方计划"出台后，一些社论作者和其他组织强烈要求推出"南方计划"。但蒙特利尔缺乏资金，且南北发展不平衡，这是城市发展的一个严重问题。为什么魁北克交通部门坚持推动对高速公路和新建桥梁的补助方案，而没有优先发展公共交通系统和郊区火车呢？为什么优先推动多瓦尔立体公路交叉点的翻新计划，而不是航空港交通运输线路？为什么魁北克和渥太华郊区的居民可以一直心安理得地享用蒙特利尔的服务，而不用支付相应的过桥费呢？

蒙特利尔逐渐被认为是一座发展迟滞的城市，没完没了的雪糕筒遍布大街小巷，让人觉得这座城市的某些地区交通全天瘫痪，似乎整座城市都在堵车。圣母大道的翻修方案已经讨论了30多年，法语大学的医疗中心比英语大学的医疗中心更晚建成。为了不影响南岸贫民区居民的生活，赌场无法搬迁，也无法为太阳马戏团搭建全新的剧院。

革新和生机并没有降临蒙特利尔，而温哥华、墨尔本、波特兰、斯德哥尔摩和赫尔辛基的一切都那么美丽，蒙特利尔呢？蒙特利尔将不会摆脱困境，它就像被软禁了一样。记者、教育界人士、环保主义者和知识分子对这座城市的管理机构做出的任何举动都给予了过度的解读。例如，蒙特利尔或魁北克省关于交通运输方面的所有提案都会引起全社会的热烈讨论，一切都摆到桌面上，甚至包括资本主义制度。25号大桥的修建、图尔科立体公路交叉点和圣母大道翻新方案就是例子。

虽然面临种种问题，但蒙特利尔依旧在国内乃至国际大城市中排名较好，这又该如何解释？

并没那么糟糕

一起来看看太阳马戏团的总裁达尼埃尔·拉马尔在《新闻报》上写些什么，由于他无力推动企业的发展，对蒙特利尔本应持批评态度。

蒙特利尔具备不可估量的强大优势：创新精神，这是流淌在它血液里的。如果提起电影、文学、戏剧、视觉艺术或者舞蹈，您的脑海里肯定会浮现出一些熟悉的名字。在整个北美，音乐类相关企业最集中的城市，蒙特利尔位居第三。和纽约、洛杉矶一道，蒙特利尔是北美时尚产业三巨头之一。在娱乐科技行业和绘图软件领域，蒙特利尔凭借自己的独创性蜚声世界。我们拥有北美排名第五的高科技就业人员队伍，排在旧金山、圣地亚哥和多伦多之前。每年庆典不断，热闹非凡，

让城市充满活力……①

南特被列为法国十大最令人向往的城市之一，一定程度上是因为它在文化和创新方面改变了自己的形象。蒙特利尔也是如此，它满怀激情地改变自己的形象。同样，《纽约时报》也认为蒙特利尔是一座"紧跟潮流"②的城市。与巴塞罗那、哥本哈根和柏林这些享有巨大名声且习惯了被人们赞誉的城市相比，魁北克的这座大都市是北美地区唯一配得上这一称号的城市。《纽约时报》所看好的这些城市具有两个特点：良好的管理和鲜明的特色。

2011年，蒙特利尔的自行车道被哥本哈根一家杂志评为世界第八，同时，蒙特利尔也得到了《孤独星球》杂志的赞赏，位列"夏季城市"排行榜第三名。蒙特利尔还是世界上最安全的城市之一，这个优点也是鼓励游客来访的理由。和加拿大其他大城市相比，蒙特利尔犯罪率很低。

不过，蒙特利尔人觉得自己的城市不够洁净，那又该如何解释蒙特利尔常位列北美最清洁的十大城市排行榜呢？在使用公共交通和人力交通工具方面，这座魁北克大都市在北美城市中拔得头筹。怎么会有人认为波特兰和西雅图比它更好呢？这些城市的居民使用公共交通工具的概率比蒙特利尔的低20%至25%。

正如我们前面提到的那样，一座美丽的城市往往临水，且对河边进行开发利用。老港口区和蒙特利尔岛上的一些地方正是这样，如凡尔登区。蒙特利尔还有幸拥有皇家山这个地方。

在经济领域，蒙特利尔的生活成本普遍低于加拿大乃至世界的其他竞争城市。在这里获得产权比较容易，产品和服务的价格也较低。世界上所有魅力之城，如墨尔本和温哥华都有一个共同

---

① 达尼埃尔·拉马尔，《创造力，我们的王牌》，《新闻报》2011年11月2日。
② 卡里姆·贝内塞，《新闻报》2011年12月6日。

点，即住房和饮食方面的成本极高。

还是在经济方面，根据2012年3月毕马威①会计事务所提供的数据，魁北克地区的企业有较强的竞争力，跻身企业榜单的前列。考察标准涉及企业管理成本、竞争力、劳动力和基础设施状况②、监管体系属性和生活质量等。蒙特利尔从加拿大和美国30个受访的大城市中脱颖而出，超过了多伦多（第2名）、温哥华（第7名）、芝加哥（第21名）、波士顿（第27名）及纽约（第29名），荣登榜首。

如果有"爱抱怨"这项排名，蒙特利尔也一定是当之无愧的冠军。

令人欣慰的是，有些记者开始重新审视蒙特利尔。2012年11月14日，谭布雷辞去市长职务之际，记者弗朗索瓦·卡第纳尔在《新闻报》上发表了名为《拯救蒙特利尔》的系列报道，指出："就目前情况而言，我坚信蒙特利尔会好起来的。而且，真的会好起来的。它虽然有过衰落，但并未因此而气馁，它会走出大多数北美城市当今面临的经济困境。"

这短短几句话说明了蒙特利尔并没有"那么糟糕"。需要注意的是，评论批评的从来不是蒙特利尔，而是它近期的发展。受到国内外好评的也只是蒙特利尔的节日、地下街区、老城区、文化领域和创新领域。我们还未谈及蒙特利尔的城市化扩张问题，这是环境的灾难，它将蒙特利尔的活力置于危险当中。

如果说整个蒙特利尔都面临困境的话，那么其郊区情形比市区更糟。《责任报》的一系列调查③表明，加拿大国家电影局、

① 埃里克·戴斯罗士，《毕马威分析下魁北克的激烈竞争》，《责任报》2012年3月23日。

② 瞧，雪糕筒还是有好处的!

③ 参见《建筑，魁北克的矛盾之处》，《责任报》2011年11月26日。

加拿大广播公司和其他相关部门对蒙特利尔的评价相当苛刻。

为什么郊区的某些地带看起来如此丑陋呢？魁北克有没有干净整洁的建筑？在美国的影响下，那种难看的建筑破坏了蒙特利尔郊区的景观。人们却任由这种来自南方邻国、质量低劣的建筑在我们的城市中扩张。这哪是建筑，完全是过度利用空间。至少一个世纪以来，我们一直在谈论可持续发展，可在市郊，我们依然在不停地建造这些公共交通无法抵达的大型超市。这有悖于我国的发展理念。

换句话说，魁北克的建筑师和城市规划者都在干什么？

通过这一讨论，我们发现了一个真相：在某些地方，20世纪四五十年代规划的城市建筑群让人讨厌。旧的才是美的，而新的与丑陋有关。

但为什么四分之三的居民没有居住在老城区呢？为什么市中心人口外流会变本加厉呢？蒙特利尔的这种盲目发展会危害环境吗？

重新审视这个问题的方法很多。就当前来说，需要记住的是蒙特利尔正处于转型期，正如20世纪50年代世界上许多城市经历过的那样。一些城市变得更加发达了，我们前面提到的"魅力城市"就是这样。然而，我们也不能草率地说，蒙特利尔属于"非魅力城市"中的一员，而应该看到，蒙特利尔有信心成为世界城市发展的新模范。

三、我们喜欢建设这样的城市

什么是新兴城市呢？全新的城市并不多见，更确切地说这种类型的城市建立在已有城市的基础上。要想了解这一趋势，必须分大洲来看。

欧洲近几十年来人口增长缓慢，这既是一种优势，也是一种劣势。首先，一些欧洲城市不需要通过城市扩张来谋求发展，内在创新才是真正的动力。这些城市因此得以恢复生机，城市的发展方向也发生了改变，中心城区对行人开放，尤其是在南特和斯特拉斯堡这类中型城市。一些现代化的欧洲城市提倡使用新型的有轨电车，特快列车被纳入城市交通系统之中，有助于减少私家车的使用和城际航班的次数。所谓新兴城市就是现代化了的古老城池。

亚洲城市的发展则呈现出另外一种势头，城市转型如火如荼。一些大城市的面貌数十年来发生了翻天覆地的变化。以中国的北京和上海为例，这两座城市像被施了神奇的魔法，大片的传统街区消失了，取而代之的是写字楼、高耸的公寓楼和摩天大楼，其中很多陆续被列为世界级摩天大楼。上海成了当代的纽约：快速便捷的交通、热闹非凡的步行街和繁华的商业地带。中国大都市的高铁、现代化机场以及环城高速公路的发展如雨后春笋。

此外，亚洲还有许多城市正奔赴在现代化的路上，例如印度的孟买，这座南亚最大的城市可以说是21世纪城市化的代表。孟买的贫困问题至今依旧存在，显著的贫富差距不仅体现在收入差异方面，也体现在居民寿命和入学率上。在世界上最落后的国家中，新兴城市是由现代化的市中心和贫穷破落的市郊组成。还有一种所谓的"新兴城市"，它们坐落在郊区，是城市繁荣的障碍，到处是贫民窟或是没有水电供应的街区。这些人口规模让人恐怖的大城市成了本世纪城市管理的普遍难题。

北美的情形又是如何呢？新兴城市的形成源于城市向郊区的扩张。一座小村庄在相邻大城市繁荣经济的带动下，人口增长速度突飞猛进。慢慢地，大城市周边的数个村庄便结合成新的聚集地。通常，大都市的市中心不会再有大规模的改建。新组建的家庭偏向外迁到郊区定居，所以很难控制城市人口外流的趋势，最终导致蒙特利尔那样的情形，城市向郊区不断延伸，规模不断扩大。

因此，仅从时间和空间的角度进行数字比较，并不能得出一个清晰的结论。

如果说关于城市化的数据分析主要是为了方便国际经济数据比较，给左右社会阵营争论提供话题，那么我们必须意识到，这些数据对了解都市的发展趋势并没有什么用处。随着科技的进步，尤其是交通的改善，城市面貌在不断地变化。19世纪，工人就在工厂附近居住，如今，"接近工作地点"不再是劳动家庭择址的唯一考虑因素。新兴城市如果能够为居民提供高质量的基础服务，房价又不贵，它便会有吸引力。

对于大多数人来说，新兴城市的基础设施服务比较分散，尤其是娱乐消遣服务。当然，基础医疗服务和普通教育机构还是普遍具备的。基础商业历来被视为城市运作的动力源头，汽车使用率的提高使得居民点间可以共享某些服务，零售行业就是一个典型例子。我们对大城市外围的郊区进行过考察，发现这些城区的外部形态和所提供的服务参差不齐。

　　本章我们将以两个地方作为相反的例子，一是经济高速增长的发展中国家土耳其，二是北美市郊。

1. 安卡拉和"碧眼英雄"

　　土耳其首都安卡拉是一座内陆城市，既不沿海，也没有毗邻的湖泊河流。这座城市最主要的地理特征就是绵延的美丽丘陵。尚未踏足安卡拉，我们就对这座城市心驰神往。

　　安卡拉千百年来都是古代各大文明的必争之地，早在弗里吉亚人时代（公元前750年），它就是一座有重要地位的城市。此后，吕底亚人、波斯人和加拉太人相继占领过这座城市。

　　公元前189年被罗马人占领前，安卡拉曾是首都。公元前25年，加拉太成了罗马帝国的一个省份，于是竞技场、温泉浴室和神庙在安卡拉拔地而起。在拜占庭帝国的统治下，安卡拉繁荣昌盛，然而7世纪阿拉伯人对它的入侵是毁灭性的。在公元后的两千年里，安卡拉的土地上出现过突厥人、拜占庭人、十字军以及奥斯曼人。这座城市也是丝绸之路的沿途城市。

　　安卡拉见证了人类的历史进程，但想要了解安卡拉历史的人却寥寥无几，因为它的孪生兄弟伊斯坦布尔实在是太伟大了，作为拜占庭帝国、罗马帝国和奥斯曼帝国这三大帝国之都，伊斯坦布尔是人类历史上最辉煌的城市之一，拥有全世界最灿烂的历史之一。

　　伊斯坦布尔是多种文化思想碰撞与交融的舞台：宗教和世俗、古老和现代、东方和西方……它处于欧亚大陆交界处，在欧洲旧大陆和另一片更古老的文明大陆之间架起了一座桥梁，它横跨博斯普鲁斯海峡，将亚欧大陆连接起来。博斯普鲁斯海峡也是黑海唯一的水上通道，通往俄罗斯及俄联邦的许多国家。除了重要的地理位置和高等军事中心外，伊斯坦布尔也曾是基督教和伊斯兰教两大宗教争夺的城市，最能体现这种文明交融的是圣索菲

伊斯坦布尔的圣索菲亚大教堂及周边各种建筑

亚大教堂，那是君士坦丁大帝修建的第一座大教堂，供奉智慧之神，1453年奥斯曼土耳其人将其改造成世界最大的清真寺。

　　如果伊斯坦布尔是参观土耳其必去的城市，那么旅行社为什么还要推荐安卡拉作为观光点呢？

　　追根溯源，虽然安卡拉的历史同样悠久，但它更多是被视为一座新兴城市。20世纪末，这座城市仅有3万人，直到1950年，它依然是一座人口少于30万的小城市。然而在笔者进行此章的撰

写时，安卡拉的人口已经接近500万了。在婴儿潮时期，安卡拉开始向大城市的行列进军。这座城市到底经历了什么？事实上，安卡拉见证了现代世界众多影响深远的社会革命，因为远离列强势力范围，它被土耳其国父凯末尔选为民族斗争的根据地。

1923年10月13日，安卡拉代替伊斯坦布尔，成为土耳其首都。现代土耳其共和国国父穆斯塔法·凯末尔·阿塔土克之所以选择这座内陆小城作为首都，原因有两个。第一，安卡拉拥有重要的战略地位。它位于安纳托利亚高原正中，防御性优于伊斯坦布尔。第二，出于政治上的考虑。新生的共和国试图切断与奥斯曼帝国旧制度及其象征的联系，作为帝国都城的伊斯坦布尔自然不会是凯末尔的首选。考虑到其地理位置和气候条件，定都安卡拉是一个大胆的尝试。安卡拉属于大陆性气候，坐落在干燥少雨的高原上，夏季炎热干燥，冬季气候严寒。

为了将安卡拉打造成符合首都气质的都城，政府提出了一个雄心勃勃的城市化发展计划，安卡拉也因此发展成为一个人口众多的城市。然而，它却再次落选"梦想城市"。初看起来，安卡拉比较普通，但参观这座城市着实有趣，原因有两个：它让我们了解到一个新兴国家的城市规划情况；了解了土耳其国父凯末尔这位"碧眼英雄"的思想。凯末尔在土耳其推行的社会改革具有颠覆性意义。我们要知道，土耳其仍未进入欧元区，这是因为凯末尔的理想还未实现。这点我们随后再说。

我们先来讨论第一个问题：新兴国家新城市的规划情况。2010年，土耳其经济强劲增长，经济总量排名世界第十八位，国民生产总值与巴西接近。在土耳其，国民享有免费教育，人均寿命接近工业化国家。这个处于世界十字路口的国家拥有丰富的资源和肥沃的土地。总之，土耳其正在成为世界大国。那么，它应该被纳入欧元区吗？未必。在欧元区经历了希腊和西班牙的一系列问题后，土耳其人对是否应该进入欧元区产生了质疑。

所有的首都同本国其他城市相比都会有一定的优势，安卡拉的繁荣，便是因为它具备了土耳其其他城市所没有的优势。与伊斯坦布尔相比，安卡拉算是一座新城，没有什么需要保护的历史遗迹，这使得城市空间改造的可能性更大。然而，安卡拉也有它的问题：周边地区人口大批进入城市，而安卡拉周边丘陵地带的许多地区依旧是贫民窟。

基于这种情况，土耳其国家相关部门和安卡拉市政部门经过商讨，对贫民区进行了现代化改造。正如北京和上海那样，这些地区破旧的建筑被彻底摧毁，取而代之的是高达8层的全新建筑。作为补偿，当地对原住户在住房租金方面予以优惠：被征地居民每月只需缴纳约100欧元的房租便可以享受居住权，30年后，这些住户便可以成为房主。这些地区的建筑谈不上有多么壮观，但城市改造的确使市容更加和谐美丽，房屋漆上了充满现代气息的颜色，绿地面积也非常可观。

个人主义盛行的西方肯定会对上述做法感到吃惊，感觉个人自由被侵犯了，因为它干涉了个人选择贫困的权利。在魁北克，居民们常常动员起来反对城市有更多的改变，例如在格里芬镇的新街区，民众集体抗议将一个已废弃的马厩改作他用。然而在中国和土耳其，维持现状不是一个长期的解决方案。有时，为了给居民提供比较公平的基础服务，例如电力、自来水或者垃圾回收等，国家必须采取果断的决策。

安卡拉并不是一座令人向往的城市，然而可以称为一座新兴城市。在新兴城市崛起的国家，城市化运动正进行得如火如荼。土耳其并不贫穷，因此它有足够的实力制定大胆的政策，为人民提供基本的社会服务，而有些发展中国家则没有足够的实力为贫民窟的改造买单。如果想了解城市规划方案的运作，安卡拉的例子便值得进一步研究。

最后需要提到，安卡拉是一座通畅的城市，人口密度均衡。人口密度反映城市规划：安卡拉市区人口密度为每平方公里2600人，大城区的人口密度则为每平方公里1550人。斯德哥尔摩、哥本哈根和蒙特利尔市人口密度相对较高，这与城市自身的历史是分不开的，但这些城市的郊区人口密度显然较低，北欧城市在每平方公里500人左右，大蒙特利尔市区则为每平方公里900人。和包括蒙特利尔在内的历史较为悠久的城市相比，安卡拉的城市人口密度分布更加均匀，这有利于从整体上更好地规划城市交通。然而，这并不意味着所有问题都可以迎刃而解。事实上，安卡拉的公共交通也经常堵车，出行也不舒适。

另一个使安卡拉之旅变得有教育意义的行程是拜谒凯末尔墓。陵园的宏伟程度可与国父生前的伟大成就相媲美。凯末尔凭借其卓越的军事天赋，于1919年领导土耳其人征服了黑海南部沿岸的若干地区和国家。在一场具有历史意义的战争中，他的军队将希腊人逐出了中东。他仅用了几年时间便推翻了奥斯曼帝国在这一地区超过600年的统治。

毫无争议，凯末尔是现代土耳其共和国的建立者和首任总统。女性们一致同意，"胜利者加齐"①远不止是一位民族英雄，也是一位了不起的电影明星，甚至是上帝在尘世的化身。他迷人的眼睛能吸引所有人的注意，他那湛蓝的眸子里透出的是智慧的光芒和征服一切的决心。

在1923年宣告成立土耳其共和国之后，国家的这位新总统将首都从伊斯坦布尔迁到了安卡拉，随后又在土耳其先后几次推行西化改革。在他的领导下，土耳其社会发生了一场史无前例的革

———————————

① 凯末尔的另一个尊称。

命：国家世俗化、用于拼写土耳其语的阿拉伯字母被拉丁字母替代等，这些措施涉及法律和教育制度方面的改变。凯末尔赋予妇女投票权，然而在魁北克，诸位是否知道妇女是在1940年才获得该项权利的，也就是在凯末尔改革的17年之后。

考虑到当时的宗教背景，凯末尔领导的革命其实是可以和法国大革命相提并论的。即使在今天，这场革命也意义深远。如今，在一些伊斯兰国家，女性的地位仍远低于男性。因此，凯末尔可以被视为一位前瞻者和伟大的人道主义者。近90年之后，他最初的理想实现了吗？许多西方国家对此表示怀疑。2013年爆发的声势浩大的抗议游行没有改变人们的看法。当然，这不属于我们讨论的范畴。

要记住，安卡拉的现代城市规划是一个有趣的典型案例，国家在很大程度上参与了改革。下面，我们将分析一个与安卡拉相反的例子。

2. 城中村：宝乐沙、布谢维尔和沃德勒伊

安卡拉是一座位于新兴国家的新兴城市。然而在欧洲，新兴城市是指中心城区复兴的城市，南特和斯德哥尔摩便是这样。那么，北美地区的新兴城市又是什么样的呢？像我们先前多次提到的那样，北美的新兴城市往往是隶属于大型城市的小型市镇。通常来说，一座市镇的扩大始于独立住房建筑群的修建，之后，商业服务也会紧随而来。

为什么在北美有相当数量的人选择在郊区市镇定居呢？原因

有三：第一，婴儿潮时期人口增长导致新增人口的安置问题；第二，住宅成本问题；第三，旧屋改造翻新困难。当然，原因不止这三点。

梦想之家

大多数魁北克人认为欧洲是城市发展和住房建设的代表，并认为和自己相比，欧洲人更喜欢生活在大城市，对郊区并不热衷。事实上并非如此，不论在哪个国家，拥有一栋独立住房或者联排住房都是每个人的梦想。

这并不是新鲜事。20世纪初，西班牙著名建筑师高迪在巴塞罗那打造了第一个未来郊区，世界上许多城市纷纷效仿，这种风格仿佛成了市郊的固定风格。例如建于1940年的玫瑰山新屋区的花园城就属于蒙特利尔高级住宅区的一部分，大家都希望生活在景色宜人的乡下，特别是当这个乡村别墅就位于市中心时。

那么，理想的房屋应坐落在哪里呢？据生活条件研究中心的一份调查[1]，法国人对中小型城镇表现出浓厚兴趣，仅有10%受访者表示想居住在大型城市的市中心。

法国人对住房的关注点在哪里呢？[2]依次是整体效果（40%）、游泳池（24%）、人工花园（21%）、阳台（14%）以及一间留给岳母或者婆婆的房间。

实用性（37%）和宽敞的空间（28%）是一栋理想的房屋需要具备的两个硬性标准。设计理念（18%）、环保材料的使用或智能房屋（10%）也具有参考意义。仅7%受访者认为房屋美观最

---

[1] 2004年9月生活条件研究中心（CRÉDOC）所做的调查。
[2] 《法国人青睐的房子》，TV5世界频道，2011年12月。

重要。换言之，人们选择房屋时更看重舒适度而非美观性。"次理想房屋"指人们有能力支付的房屋，如果有可能，最好有三层，可以保证家庭成员有各自的独立空间：一楼留给父母，二楼留给孩子，最后一层是家庭公共空间。

在随机调查中，对于购房者来说，处在公园附近可以为房屋大大加分，比邻花园也是人们寻找理想房屋时考虑的因素之一，蒙特利尔有很多林荫小路也如同花园般安静。

为什么要成为房主呢？人们的解释如下：拥有一个属于自己的安身之处，并有余力安置家人（64%）；为晚年做打算（18%）；接近大自然（15%）。一个有魅力的、有"灵魂"的居所更能博得人们的喜爱，钢筋水泥的建筑不属于这一类型。在选择房屋时，人们青睐木质的房屋，这便是蒙特利尔的住宅建筑经不起时间考验的原因。

高级住宅在设计上有如下特点：有很多大面积的单间，家具不多，天花板极高。这不就是蒙特利尔的"怪兽屋"①公司所提供的高级住宅吗？显而易见，梦幻房屋要坐落在海滨或湖畔，不受经济危机影响，有秘密通道，便于脱身，车库也要比邻居家的大很多，至少可以停放十辆高级轿车，更不用说花园角落里起装饰作用的小木屋，还有大树后放置园艺工具的小仓库。

法国人和美国人的喜好有什么差别吗？美国人偏爱的房屋有以下特征：修建在草地上的小型房屋（36%）；类似电视剧《比华利山庄》里的房屋（24%）；坐落在油田中央的达拉斯风格的大房屋等，总之和法国人的观念截然不同。

令人欣慰的是，在法国或世界上其他地方，人们对老式石头房一直情有独钟，这种情愫既稳定又普遍。从这一角度看，魁

---

① 法语monstre一词既有"怪兽"也有"巨大"的意思。

北克城和蒙特利尔旧城的旅游业拥有无限的发展前景。除了石头房，法国人还喜欢树林里的木头小屋，就像加拿大的棚屋一样，这么说，这些优雅的传统材质有希望了。

事实证明，一个热闹而拥挤的市中心远不能吸引所有的人。

能源自给型房屋

关于理想的房屋，我们将以被动节能房屋（低碳节能建筑的一种类型）和地下房屋为例进行说明。这些设计理念在过去的40年间不断地被提及，但在一般民众的认识当中，这两种建筑非常边缘化。能源自给型房屋无论在哪里都是人们常常提起的话题。一座房屋在能源方面越是自给，受空间和其他方面的限制就越少，就越有资本远离城市。补充说明一点，木材取暖在魁北克的所有取暖方式中占10%左右，且主要在乡下，地热取暖大约占10%，因为需要花园里有足够大的角落安置设备，地热取暖在蒙特利尔郊区的投资回报率高于市区。

某些人反对能源自给，认为必须尽最大可能加大建筑密度才能达到节能的目的。然而，这些节能住宅的销量并不理想。

选址：关键要素

许多家庭因为岛内外房价悬殊而选择在蒙特利尔岛以外定居。从拉瓦尔到隆格伊，途经宝乐沙和布谢维尔，这一路的房地产业呈井喷式发展。近几年来，新建家庭已经搬到了三环以外的市郊了。沃德勒伊就是其中一个例子。2011年，沃德勒伊一度成为魁北克人口出生率最高的城市，慢慢地，它的郊区也不再有菲利克斯·勒克莱尔①、杰克·林顿②家乡的那种乡野氛围了。

从许多方面来看，布谢维尔、宝乐沙和沃德勒伊都符合新趋势。这三座城市都在邻水地区建造一些吸引人的景点，而且各具特色。在道路建设方面，则修建了自行车道和路边公园。但是，美景虽然是城市发展的一个重要因素，可仅靠它一个地区是很难迅速发展起来的。

实际上，地理位置优越、交通便利和发达才是促进城市发展的根本要素。首先，这三座城市距离蒙特利尔市中心都不远，其次，它们位于主要高速公路的交叉地带：宝乐沙附近有132号、10号和30号高速公路；布谢维尔被132号、20号和30号高速公路包围；沃德勒伊则位于40号、20号和30号高速公路附近。同时，沃德勒伊和宝乐沙还设有郊区列车站点。

便利的地理位置方便人们出行，同时，也有助于企业建设货物运输站点，布谢维尔就是这样的例子。沃德勒伊—苏朗日地区也呼吁建立一个重要的商品仓储中心。这并不是什么新鲜事，长期以来，繁荣的城市都建立在道路交会处。

这些住宅的设计已得到地方市镇议会的批准，对魁北克全体纳税人都将产生影响。在它引起的一系列问题中，公路网的超负荷现象最为直接。这也就是说，国家将承担道路维修、立体公路交叉点和环城高速路扩建的费用，而相关城市将在这一过程中获益。目前位于路易—希波吕忒—拉封丹道桥隧道和黎塞留河之间的让—勒萨日高速路已经完成了扩建。30号高速路的运载能力已经饱和，不能再容纳来自沃德勒伊—苏朗日的交通运输量了。

---

① 菲利克斯·勒克莱尔（1914—1988），加拿大著名歌手和歌词作者。
② 杰克·林顿（1950—2011），加拿大政治家。

这些城市得以发展也因为它们还有可供发展的土地资源，而且还是魁北克条件较好的农业用地，这一点也至关重要。如此一来，我们可以得出结论，上述市镇的高速发展对魁北克所有居民都产生了间接的影响。

商业中心，商业发展的印记

我们可以从另一个方面——商业发展，对这些发展较快的城市进行比较。为了更好地适应城市化发展的新格局，零售业无论是在形式、经营方式，还是选址方面都经历了一系列剧变。

传统中型城市的布局往往是以大型商铺为中心，教堂、学校、修道院、诊所和公证处等公共机构分散在周围。20世纪60年代，汽车的普及促使主交通干道沿路商铺林立，使市区的面貌再次发生改变。圣劳伦斯河南岸蒙特利尔地区的塔舍罗大道是其中最著名的例子。到了20世纪七八十年代，封闭式的大型购物中心在郊区的发展成为趋势，南岸的圣布鲁诺商廊正是这一时期大型购物中心的代表。

那当今的趋势是什么样的呢？传统百货商场的地位明显衰落，超大型购物中心开始流行起来。据《新闻报》报道[1]，蒙特利尔地区接近20%的投资将用于翻修传统百货商场。近期在城市各大交通枢纽地区出现的时尚生活中心可能成为新潮流，2006年，魁北克地区第一个以时尚生活方式为理念的开放式大型购物中心DIX30在宝乐沙附近建成。威廉·路易斯专门研究了DIX30购物中心这种商业模式对其周边郊区产生的影响，这一研究有助

---

[1] 玛丽·伊娃·福尔尼埃，《大蒙特利尔地区还有更多的选择》，《新闻报》2013年5月25日。

于我们了解这种商业发展模式。①

为了更好地理解这种趋势，研究者们从历史背景入手。这一新兴的发展模式其实是一种混合型的商业中心，一般是由众多露天店铺组成。宣传广告告诉我们，这种混合型商业中心最主要的特征是提供新型购物体验，类似于在市中心或商业街的购物体验。多种商店、服务和各不相同的餐馆遍布其中。这类商业中心1986年首先在美国田纳西州孟菲斯市郊区的日耳曼敦镇出现。

和传统的商业模式不同，宝乐沙时尚生活中心项目占地面积达18.5万平方米，这使它成为跨区的大型商业中心。该购物中心提供综合性多样化的商业服务，以一条步行街为中心，店铺露天开设。这种风格与当前传统购物场所截然不同。随着DIX30购物中心在宝乐沙的建成，蒙特利尔南部的商业结构受到了巨大影响，同时也向圣布鲁诺−德蒙塔维尔大道和塔舍罗大道的传统商业发起了挑战。

现在我们回到最初的问题：哪些城市热衷搞建设？宝乐沙无疑是这些城市中的一个，该城市里像DIX30一样的时尚生活中心非常多。沙托盖的沙托盖中心和圣莱昂纳多的维奥广场也有很多大型时尚生活中心。在沃德勒伊的40号高速公路出口和布谢维尔的20号高速公路蒙塔维尔出口，这类购物中心也已初见端倪。

自2006年DIX30购物中心首次开放以来，负面报道铺天盖地。2011年1月23日，魁北克电视台的一档名为《自由射手》的节目猛烈抨击DIX30购物中心，批评该中心是城市化发展的恶果，是过度消费和汽车使用者的同谋。这座时尚商业中心就是机动车的"迪士尼乐园"。

---

① 威廉·路易斯，蒙特利尔城市规划学院国土整治系，《时尚新潮的商业建筑对周边地区的吸引力影响研究：以DIX30购物中心为例》，2009年11月。

这是一个缩略版的城市。我们有一种错觉,仿佛身处一个公共空间或者在商业街道上,但事实上这是一个私人空间,一个引导消费的单一功能空间。这种时尚生活中心不过是一种刺激消费的工具……

这种城市规划简直是一场灾难。我想说的是,这跟魁北克大多数小镇没什么不同。如果我们把它称作中心,那将是一个错误。

这就是个大停车场,就是城区的延伸。我们想要远离市中心,远离人口密集的地带。这种地方能源利用度不高,也没有回收利用垃圾的设施。魁北克面临的所有环境问题这里都有。

这里没有乞丐,但我倒是希望能看到一些。我想"引进"一车乞丐,再招一些涂鸦者来改善一下这里的商业气氛。"要不再弄点狗屎?"一位嘉宾问。

当然,也有人利用这档节目表达了对"纯粹中心城区"的支持,一位受访者表示:"我不住在加拿大,不住在魁北克,也不住在蒙特利尔,我住在蒙特利尔中心城区。"不过,除了这位受访者,其他300万居住在非中心城区的居民又如何看呢?一位嘉宾表示郊区可以独立运作:

郊区是可以运转起来的,这毫无疑问。一系列报道显示,蒙特利尔市区和郊区的居民一半对一半趋势很明显:从现在起,15至20年后,郊区将占据优势,并将实现自治。我们对蒙特利尔的依赖会越来越小。

"连郊区都变得越来越炫酷和考究,不是吗?"

"那当然,郊区的一切本来就是人为的。"

就这么定了。除了蒙特利尔那些时髦街区外,其他都不用考虑了。当然,450区的居民也不会再理会514区"高尚"民众的贬损言论。我们如果关注近期的发展趋势,就会发现,正是450区的居民创造了一个全新的蒙特利尔。

大家都在关注DIX30购物中心,它在城市规划、建筑、新闻等方面都引起了轰动，甚至连不关心市中心之外琐事的普通民众也对这个购物中心产生了浓厚的兴趣。我们对身边年龄在26至86岁之间的朋友和家庭主妇进行了调查，结果表明，DIX30购物中心的设计理念并非广为接受。

首先受到批评的是，来往每个商店都需要开车停车，这相当烦人，尤其对那些不喜欢停车的女车主①更是如此；其次，复杂的建筑群，进出不便，室内交通复杂得让人常常找不到出路；再次，这种模式不适应魁北克的冬天；最后，《自由射手》这档节目给出了一个和其他苛刻的电视节目"志同道合"的评论：这些建筑不美观！

《新闻报》专栏作者皮埃尔·弗格里亚参观了DIX30购物中心。他和其他人一样，尝试着进去，却没有找到入口。他用他好斗的风格总结了这次探访："可以的话，我想收拾那帮建筑师，给他们几个巴掌也行。这就是你们弄的DIX30购物中心？呸！"②

毫无疑问，大家更青睐坐落在离市中心10公里处的圣布鲁诺商业中心。车一停，就能进到暖烘烘、遮风挡雨的商店里，而且还能推着婴儿车，带着孩子。此外，老年人也喜欢在商店开门前到这里喝咖啡。

为什么DIX30这种商业模式能够取代圣布鲁诺那样的商场呢？威廉·路易斯的研究给我们提供了一些合理解释：与20世纪七八十年代的理念相反，人们尝试重建一个有人行道、餐馆、各式商店等的全新的市中心。这一理念为人称赞，但实际效果差强人意，至少DIX30是这样，应该回炉重建。

另一个主要原因是这种设计成本更低。通常，室内商场的租金比较昂贵，而且，好市多、沃尔玛等大型超市才是一个大型

① 这并不是性别歧视，而是调查显示的结果。
② 皮埃尔·弗格里亚，《在DIX30购物中心》，《新闻报》2012年1月7日。

商场的火车头，那里应有尽有。DIX30的设计、施工和经营都是由私营企业操作的，对城市发展而言，这是"最经济省力"的办法。通过委托一家私营公司设计整个项目，政府无需亲自构思一个独特的、符合当地需要的商业建筑，可以节省更多的财力。如今，国家政府都想通过各种方式减少债务，让选民看到自己的财务清单更加出色。

第一个后果就是这种借鉴美国、缺乏本土创意且极不适应加拿大本土气候环境的理念。在魁北克的冬天，开着车从一家商店到另一家商店是一件荒谬到难以想象的事情。这种安排导致人们全年都不想和家人出门逛街。想象一下，孩子们每进一家商店都不得不下车上车，父母刚踩了一脚油门就不得不把孩子放下车的那种尴尬。

DIX30的建设者透露，项目的第三阶段将通过增加高层建筑和有效的交通来改善这些缺陷，但就目前情况来看，这种设计并不利于人们购物，也不方便人们来往于各个商铺。开发商的逻辑真是难以理解。

另一方面，有个更重要的问题需要我们去面对：蒙特利尔市区的发展是否正在"去城市化"？关于这最后一点，答案不置可否。回答"是"，是因为这些发展符合我们观察了60多年的主要趋势。主要的服务和娱乐场所都位于市郊，连文化机构和场所也在迁离市区。

回答"不是"则因为蒙特利尔具备国际大都市的特点，部分就业机会和一些机构仍留在市区，包括大学、商业中心、旅游景点等。在就业方面，我们必须认识到，蒙特利尔岛内仍是具有吸引力的城市中心，也是轻工业和服务业发展的重要基地。机场也位于岛内，这本身就是对外交流的有利因素。

比较一下1971年以来蒙特利尔岛与其周边市镇的就业形势，

就会发现一组有警示作用的数字。40年来，蒙特利尔岛就业率从
85.5%滑落到了63.4%[①]，但也要注意近期新增就业岗位的趋势，
这点很重要。由于魁北克人口增长放缓，和郊区相比，市区的就
业率趋于平稳。

　　为了逆转这种趋势，应该像支持"纯粹中心城区"的人那样
抵制郊区的发展吗？在这片大陆，大城市都是城区扩张的受害
者，这种现象应该有所限制。然而，想扭转这一趋势不过是空
想！但对于蒙特利尔而言，情况并没有那么可怕，因为它的市中
心有很强的凝聚力。

　　有些家庭为了满足自己拥有独立式房屋的愿望，在诸如宝乐
沙、布谢维尔和沃德勒伊这样的郊区买地置房，如果任这一现象
继续发展，将会出现什么后果呢？

宝乐沙夜景

---

① 资料来源于加大拿统计局，并参见弗朗索瓦·卡迪纳尔的《考虑一下蒙特利尔
吧》，见《新闻报》2014年1月24日。

第二章

郊区：我们这个
时代的环境灾难？

据加拿大统计局2011年人口普查数据，目前城市扩张并没有逆转的趋势。在卡尔加里、多伦多、温哥华，新组建的家庭喜欢在市郊而非拥挤的市区定居。这一现象在蒙特利尔也比较普遍，虽然超过50%的人口居住在市中心，但中心城区更多为富有的单身人士的居住首选，2000年以后蒙特利尔九成新建公寓的住户是单身人士。

环顾城市四周，无处不是工业区和商业大道，让人不禁会问，魁北克是否还有既不是工业区也不是商业大道的地区。在西拉瓦尔、莱维、里姆斯基和七岛港，店铺都相同，河堤也用同一种方式修建，上面覆盖着相同的植被，各处建筑的细节也都惊人地相似。没有人会有身在异乡的感觉：随处可见同样风格或品牌的餐馆、酒店、药店、汽车经销商家，商业招牌也大同小异。一切仿佛都只能以相似的方式存在。哪怕远至阿瓜尼什，那里的人文景观也没有自己的特色，只是建筑密度稀疏了一点而已。乡下房屋与城区和市郊的区别就是没有区别，相同的建筑风格、同样的建筑材料、千篇一律的方形草坪、同样的沥青小路和乡间田园小屋……[1]

这发自内心的呼喊，到底是真是假？市郊发展到这种地步——竟然对环境犯下了罪行？有一点可以肯定，那就是我们必须在其中生活。

对于没有孩子的夫妇，情况是怎么样的呢？我们一直期待婴

---

[1] 让-皮埃尔·伊森胡特，《阴影几何学》，伯瑞尔出版社，2012。

儿潮这一代父母完成了抚养孩子的任务后，会卖掉在郊区的独立房屋，重新回到市中心更适合他们的公寓式住宅里。这种由郊区向市中心的逆向人口流动一直是人们所期待的。

是的，正是如此。老年人纷纷变卖自己的独立住宅，但在附近的新公寓住下了。这便是在拉瓦尔或者蒙特利尔南岸冒出成片公寓住宅区的原因。为吸引退休人员和新组建的家庭，布谢维尔市和开发商达成一致，美化环境，多留绿地，修建自行车道，挖掘了一个人工湖，湖边修建一个社区活动中心和商业群。

为了安置高龄和丧失自主生活能力的人，大量老年公寓建造了起来。但没有建在蒙特利尔，而是建在圣朱莉和沃德勒伊，那是城市化扩张运动的代表城市。

还有一点不能忘记：工作只占人生的一部分，并不是生活的全部。因此，就一生来说，人们不会仅为了上下班出行方便就选择居住在市中心，这一诱惑力是有限的。

市场营销部经理忽视了一个关键问题，在许多方面有时郊区比市区更能给家庭提供便利、廉价和多样化的服务。尤其是蒙特利尔，由于一直没有找到修复市中心破败街区或者改造荒地的方案，市区对郊区居民毫无吸引力。为了顺应时代，改造蒙特利尔，一根神奇的"魔杖"是必不可少的：拆除、重建，以特别的方式布置城市景观。然而，每个新方案的实施都面临着苛刻的法规制约、对新方案的争吵不休还有高昂的成本代价，这些都使得中心城区迟迟无法脱下自己那套破旧的"晚礼服"。

因此，市中心人口向市郊流动是可以理解的。但在资源消费，特别是能源消费方面这又意味着什么呢？

分析这个问题首先要从住宅方面入手。

一、居住在市中心：
能有效降低住宅区能源消耗？

1. 城郊和市中心对比

在一个对石油和天然气依赖逐渐减少的时代，民用住宅部分的能源消费不再是发展的一块绊脚石，主要原因是它在国家总决算中所占比重低于其他行业。以美国为例，民用住房能源支出占能源消费总额的16%，商业消费占12%。住户取暖和用水构成了家庭能源支出60%的份额，而这一切只占全国消费总量的9.5%。[1]加拿大和其他大多数西方国家情况基本相同。在南美，民用取暖费所占比例显然更低，甚至可以忽略不计。

住房部门：一场被缚的变革

从全国范围内来看，与交通运输和工业领域相比，提高住宅能效的政策的影响力大打折扣。不过经济发达的城市因工业分布在城外，导致市区住宅能源消费所占的比重较大，因此，关注住宅能耗是必要的，况且这一消费不是一个小数目。

---

① Outlook 2013, 2010年数据, http://www.doe.eia.gov.

经济落后的城市往往采用传统方式烹饪或者取暖，这些是造成污染的重要原因。公共管理部门有必要提高这些地方的能源利用率。然而，不论是在经济发达还是落后的城市，独立式房屋的能耗都大于市区的公寓吗？

在此我们提醒大家，本书关于城市的定义十分广泛。在北美，一些家庭选择居住在公寓式住宅，但更多的家庭居住在独立式房屋、联排或三排式别墅里。由于郊区的吸引力大于市区，大型公寓建筑需求下降，因此，我们可能会得出大城市周边地区居民人均能耗更高的结论，然而不能一概而论。

以魁北克省为例，离蒙特利尔或者魁北克的市区越远，独立房屋的居住面积便会越小。在蒙特利尔岛上的独立房屋平均面积比郊区大10%。这一数据表明，居住在蒙特利尔中心地带即蒙特利尔岛的居民要比郊区居民更富有。

更有趣的是，位于蒙特利尔的联排或三排式房屋供暖需求几乎和坐落在郊区的独立式房屋一样多。这有两个原因：两种住宅的居住面积基本相等；老城区住宅隔热性差。正如我们所指出的那样，联排或三排式房屋集中修建于1950年之前，那时还没有实行统一的房屋隔热标准。与之相反，大多数独立式房屋建于1970年之后，那时的隔热标准已经变得相对严格了。

此外，郊区以电力供暖为主，而在蒙特利尔城区主要以天然气和重油取暖，有时能源使用率不高。

由于房型更小，蒙特利尔市中心新建的公寓耗能少于郊区的同类型住宅，但依旧有许多其他因素来平衡人均居住能源消费：居住在公寓的人数较少、市区公共场所众多等。换言之，郊区典型家庭的人均占有空间与市区单身公寓所占的空间相当。

鉴于这些标准，我们发现，新建郊区在取暖方面的平均能源消费和蒙特利尔岛的差别并不大。蒙特利尔市大约有100万居民，市区公寓的数量要远远多于郊区。每单元居住面积的人口密度高，降低了取暖费用，但这些老城区的住宅楼年代久远且隔热不好，新建住宅又相对较少，因此市区和郊区的取暖消费差别并不大。

那么，该如何看待像在DIX30附近越修越多的超大型房屋这一趋势？由于人口数量问题，这类房屋还是相对小众化的。事实上，数年来，魁北克新建独立式房屋的平均能源消费基本稳定。一栋电供暖单户住宅每年平均耗电2.4万千瓦时（度），供暖设备耗能占能源消费的一半。

因此有必要关注家庭其他耗电设备的使用，但这方面的差别依旧不大。

在热水使用方面，不论收入如何，人均消耗量几乎是恒定的。不过，热水的消耗与年龄有关，青少年洗澡耗时较长，这点人尽皆知。

在家用电器方面，消费与家庭人数相关，但独自生活要比一个五口之家的人均消耗更多。比如冰箱的大小体积和家庭成员人数并不成正比。

电子设备能耗在不同生活水平的家庭之间也没有明显差异，反而是居民的收入会对电子设备消费产生影响。

由此看来，没有证据可以证明市中心居民在家用电器的人均能耗量上要远远低于郊区居民。唯一体现消费差别的是在游泳池的使用上。一台游泳池的动力设备年耗电量约为2000至3000千瓦时（度），这也恰恰成了其他人指责郊区居民无视能效的把柄。

当然，这种分析仅适用于魁北克地区，因为每个住宅区都有自己独特的历史。例如欧洲的家庭能耗较少，有三大原因：第一，住宅面积极小；第二，家用电器能耗较低；第三，欧洲多国政府出台了严格的法律，减少温室气体的排放量。

商业及政府机构建筑的能耗

每座城市都有自己的特点，比如，某些地方市区具备郊区所没有的教育及医疗服务机构；一些大城市的市中心有尖端服务，如高校附属医院、商业中心、大学、大型活动举办中心等机构。比较这些建筑的能耗情况较为困难，这要看它们是在市中心还是在人口密度较小的地区。

首先，郊区的楼盘更新一些，房间隔热效果也应该更好。在建筑规模相同、建造时间相同的情况下，蒙特利尔城区和郊区的能耗是可以比较的。然而，实际上，建筑规模多种多样，例如市中心大型写字楼的数量远多于郊区。大型建筑的平均能耗大于小型建筑吗？稍后我们将把视角转向纽约再继续讨论该问题。通常来说，面积大的建筑在单位面积能耗方面要高于面积小的建筑。

同时，能耗情况也因建筑的使用目的不同而不同。市中心写字楼数量惊人，还有很多公共建筑如医院、大学和娱乐中心等，而郊区的大型购物中心则更多一些。

总而言之，市区的商业和政府机构建筑所占比例远远大于郊区，这便解释了市区能耗更大的原因。

我们在1990年做的一项关于蒙特利尔的调查[①]便可以证明上述假设。蒙特利尔市区和郊区私人住宅的平均能耗情况基本相同；而郊区公寓楼平均能耗大于市区，这种差别可能是魁北克水电公司于1994年在市区投入使用天然气的结果。

由此我们得到启示，为了减少对能源的依赖，蒙特利尔首先要研究如何提高建筑物的能源使用率。

---

① A.拉布隆特、G.拉弗朗斯、P.哈梅尔，《蒙特利尔社区各行业能源消耗情况》，加拿大国立科学研究院，1990。

另一项研究①显示，家庭的人均居住密度并不是衡量建筑能耗高低的硬性指标。1992年至1994年进行的一项关于魁北克地区城市居民人均用电情况的研究显示，人口密度和电能消耗之间存在某种关联。不过，研究也发现，人口密度的增长对电能消耗影响并不大。总之，人口密度不同造成的人均电能消费差异在7%左右。

小城市的优势

如果仅考虑建筑能耗这一点，郊区便不是罪魁祸首了。水资源消耗、道路维护以及垃圾处理等方面的能源消耗怎么说呢？

就卫生需求来讲，不论居住地点在何处，人均消耗都是相对固定的。没有任何研究显示居住在人口密集区可以节约用水。问题是如何分配水资源。经常听到有人抱怨郊区住户浇灌草坪或者反复洗车浪费水。不过，最糟的是水管安装耗资太大，因为马路底下的那一段要白白买单。

关于最后一点，没必要再解释说供水系统安装成本要相对低于水资源生产和维护系统。在许多郊区，这个初始成本往往是由业主而不是城市承担的。关于废水处理，新建郊区强制要求将雨水从废水系统中分离出来，所以这些居民点的废水处理量小于蒙特利尔。

在系统管理方面，住在管理良好的小城市远比住在蒙特利尔更惬意，这点令人出乎意料。比一比支出就明白了。

规模经济理论认为城市越大，管理城市的成本就越低，实际上

---

① I.拉里维耶尔、G.拉弗朗斯，《城市建模耗电量：城市密度效应》，《能源经济》1999, 21: 53-66。

并不一定如此。蒙特利尔高等商学院生产力与发展研究中心①对魁北克地区1110座城镇的金融信息进行过统计，近10万个数据让研究员建立了一个2011年度市镇服务成本参数表。

规模经济理论不是万能真理，例如，2011年的数据表按照城市管理成本从低到高依次排序，蒙特利尔作为魁北克地区最大的城市自然排在最后一位，魁北克城紧挨着蒙特利尔。总体而言，蒙特利尔的人均服务成本比其他九个人口超过10万的城市要高60%，道路维护成本要比萨格奈地区高出5倍，除雪成本比谢尔布鲁克高出3倍。警力和火灾救援、每公里的除雪成本、排水系统等，蒙特利尔的人均支出都位居前列。在垃圾收集成本方面，蒙特利尔和三河市或谢尔布鲁克相比高出了33%。

蒙特利尔高等商学院的研究说明，蒙特利尔大区的管理成本比魁北克地区其他市镇高。事实上，离蒙特利尔岛越近，服务成本便越高。反之亦然。

在魁北克地区的市镇合并及重组大潮中，新建居民点的管理非常失败。与附近没有合并计划的城市相比，落差非常明显。以隆格伊的卫星城圣布鲁诺-德-蒙塔维尔城和另一座城市圣朱莉为例，这两座城市坐落圣布鲁诺山两端，然而服务成本却截然不同。大致来说，前者的服务成本比后者高出50%。

有人认为，这些卫星城是借了蒙特利尔的光，才降低成本的。那又如何解释远离蒙特利尔的谢尔布鲁克或三河市人均服务成本要低于平均水平的60%到70%呢？事实上，人口在5万到10万之间的市镇服务成本普遍较低。城市越大，服务成本就越高。当然还有很多别的原因。

① 保尔-安德烈·诺曼丁，《蒙特利尔，管理成本最昂贵的城市之一》，《新闻报》2013年10月7日。

蒙特利尔市的供水系统老旧，漏水问题严重，当地相关部门迟迟不肯维修。市中心维修供水系统的成本远远高于郊区，更别说维修导致的城市交通堵塞了。

除雪成本是导致大城市管理费用更加昂贵的另一个因素。魁北克地区的前十大城市的除雪开支要高出最小市镇的2到3倍。[1]许多郊区除雪时，仅仅把积雪推到居民用地边上，清理出道路而已。而大城市由于缺乏必要空间，积雪必须由卡车运走。和仅仅清理出道路的做法相比，这一举措要付出超过原预算开支14倍的高昂代价，且不说使用卡车运输和积雪存放带来的影响。

最后一点是垃圾回收处理。大城市的垃圾回收处理量比郊区更多吗？答案是否定的，研究一下相关税目和市中心垃圾回收的难度便可以证明这一点。蒙泰雷吉地区的45万居民将很快拥有垃圾厌氧生物处理和堆肥处理的工厂，而蒙特利尔市却仍然没有，这点我们稍后会提到。

我们要清楚一点，只要郊区的主要能耗来自住家和城市服务方面，就不会对环境构成太大的威胁。当然，这里没有涉及交通问题，交通问题会让天平倾向于都市生活。

蒙特利尔为人口在300万到500万的城市提供了参照，在那些坚决支持城市生活的人们眼中，郊区居民都应该同他们一样，生活在像蒙特利尔市中心这样人口密度大于每平方公里6000人的地区。而大多数这种规模的西方城市，中心城区人口占比都不超过整个都市圈总人口的25%，正如我们在本书开头提到的那样，城市人口主要汇集在人数少于100万的居民点。换句话说，在人口密度低于每平方公里1000人的地区，商用建筑和民用建筑能源使用效率比较低，至少在美国是这样，目前并没有办法改变这一现状。

---

① 保尔–安德烈·诺曼丁，《除雪的五大问题》，《新闻报》2012年12月29日。

最后一个问题

和圣布鲁诺的旧式商场相比，新式商业中心的能耗是否更少呢？在DIX30，每家店面都有两堵外墙，和室内的商场相比，供暖和空调耗电更多。此外新建店铺往往面积很大，相比之下，室内商场的取暖、照明、通风和冷气调节都是在公共空间进行的。

据估计，这两种不同的商场在零售业领域的能耗差别并不大，但DIX30无形中增加了汽车的耗油量，餐饮业的能耗也比传统室内餐饮经营模式高出20%，并且有逐渐增长的趋势。

还应当注意到，此类讨论主要是针对北美城市。相比而言，尤其在商业建筑领域，北欧城市的能耗低于北美城市。几个原因可以解释这一现象，其中一个重要的原因是北美越来越倾向于修建面积较大的商铺。

2. 冲上云霄的城市：纽约

稍为想想就会发现，能在历史上流传千古的建筑和城市样貌并不常见。正如我们在这本书中通过各种方式提及的那样，城市的样貌和形态随着时代、文明程度和价值体系的改变而变化。主要是因为城市规划往往受到所处时代的建筑技术、建筑材料和交通运输方式的影响和制约。

中世纪兼具防御功能的城市看起来彼此相似，凡尔赛宫让其他建筑黯然失色，伦敦和巴黎这样的欧洲大城市对欧洲其他城市和其殖民地城市的建筑风格都产生了深远的影响。这些建筑不高于8层，多使用砖、石块和混凝土。巴黎风在欧洲随处可见，在亚洲的河内和南美洲的布宜诺斯艾利斯亦如此。以巨大的落地窗和红砖堆砌为主要风格的维多利亚建筑在英语国家也可以见到，这些建筑墙面都装饰得富丽堂皇。无论是在蒙特利尔还是在波士顿，都能看到这种影响。

大多数情况下，中心城的地理位置往往是在建城之时确定的。在欧洲或亚洲，城市的中心地带可以追溯到中世纪甚至更久远的年代。不过，和现代城市相比，彼时的中心城区作为城市发展的母体，占地面积并不大。一座城市的年龄是从它的建城之日算起的，但城市的基本框架、建筑、基础设施和交通系统则要从城市的扩张之日开始慢慢算起。

城市扩张的第一阶段始于第二次工业革命。一方面，人口增长迅速；另一方面，当时的卫生条件和安全状况促使城市不得不进行一次全面的改造。例如在欧洲，最美丽的城市里，建筑一般不会超过150年。蒙特利尔、波士顿和纽约也同样，大大得益于19世纪中后期的这场工业革命。

第二次城市扩张规模更大，发生在20世纪60年代。在110年间，世界人口从16亿增加到70亿，增长了3.4倍，城市人口则增长了17.3倍。从1950年开始，城市人口比世界总人口增长快2倍，城市人口从7.2亿增长到35亿。这确实是一个巨大的变化。

婴儿潮这一代人便在城市化进程中为郊区和低人口密度市区的发展做出了"贡献"。不论城市规模大小，城市的扩张大同小异：成片的住宅区、商业中心、绿地等，千篇一律，毫无特点。麦当劳和赛百味遍布全世界，没有让人耳目一新的东西，城市化使得城市趋于相似，失去了自身的特点。

到2025年，全世界将有14%的城市人生活在特大型城市里。这些城市的发展将何去何从？当我们就此展开讨论时，会发现，只有为数不多的城市在建筑史上和城市化进程中留下重要篇章。在这方面，纽约值得一书。纽约城的扩张始于20世纪初，它为此后步入此道的特大型城市提供了重要的发展范式。如今，我们开始质疑这座北美超级都市。对于未来的特大型城市，纽约可能不再适合作为榜样了。

纽约，城市的再生

长期以来纽约作为美洲的入口，在过去300年里一直是美国最大的城市。20世纪上半叶，它占据着世界一流城市的位置。在世界贸易、金融、传媒、艺术时尚、科学研究、教育及娱乐领域，纽约的影响意义深远。到了20世纪60年代，这座城市又被赋予"帝国的中心""世界之都"的称号，它就好像是昔日的罗马和雅典。

纽约的发展在很大程度上归功于第二次工业革命。1850年到1900年，纽约市人口增长了5倍。在随后的30年里，人口又翻了一番，1930年达到700万，1950年达到800万。如今，纽约市的人口早已超越了这个数字。如果将人口持续增长的周边郊区也包括在内，整个大纽约的居民将多达2200万人。

作为世界大都市，纽约的扩张期主要在1850年至1930年。1900年以前，这座北美都市的建筑和城市化深受当时欧洲列强的影响；那个年代以蒸汽和煤炭为主的能源消费也对它影响深远。很快，纽约人便赋予这座城市新的生命。

首先，城市化发展需要在交通等基础设施领域大规模投资。因此，1904年纽约成立了第一家地铁公司。1913年重建纽约中央火车站。交通运输量的增大，促使市政府考虑出台一项全新的城市化方案，即修建一系列基础设施，如桥梁、隧道和快速车道等，把曼哈顿连接起来。不过这项计划对纽约最大的影响是：摩天大楼遍地开花、争相崛起。

　　1929年，纽约已经拥有188栋超过20层的高楼。直到今天，摩天大楼依旧是纽约的标志。纽约共拥有45座高于200米的建筑，4座高于或等于300米的建筑。相对而言，欧洲高于200米的建筑只有20座，高于或等于300米的建筑仅1座。

纽约城

　　虽然仅仅一个世纪的时间，纽约就被几个如香港和上海这样的亚洲城市超越，但克莱斯勒大厦（1930）和帝国大厦（1931）这样的建筑在几年之间就建造完成，依然让人惊叹。克莱斯勒大厦建筑方案的构思更是只用了短短两周时间，当纽约的高楼大厦拔地而起的时候，魁北克人还在慢悠悠地修散热器和修桥，以至于人们在想，时间在这里是否倒流了。

　　我们在前言里提到，近100年来，纽约震撼了世人。表面上看，生活几乎没怎么改变。住在曼哈顿，和住在拥挤的小岛上，和数百万同类住在空间站里，并没有什么区别。

总之，80%的能源消费属于建筑能源消费，剩余的主要是公共交通的能源消费。1977年大规模电力事故以及2012年10月桑迪飓风这样的重大自然灾害，对大型城市造成的影响要比人口密度低的小城市严重得多。这种情况下，生活在大城市里并不能像生活在郊区一样，仅仅在家里生一堆火等着飓风离开。在高楼耸立的城市里，如果电梯停止运行，即便手提一小桶水，爬到39楼也是一件又难又累的事情。

事故或灾难后的恢复和重建代价高昂。桑迪飓风造成的损失高达700亿美元。纽约经常性地出现在灾难大片的场景里，这太令人惊异了！这座城市挑战着人们的想象力，这也是为什么各类灾难片都倾向于选择曼哈顿作为世界末日的发生地。

纽约人消费的资源与产品来自世界各地。流动是一切的生命线！问题是，生活在如此逼仄的空间，在高层建筑之上度日，真的比在人口密度较低的城市里生活更有趣吗？

3. 住摩天大楼还是普通平房?

事实上，建筑物越高，单位面积耗能就越多（表5）。一张纽约各街区的能耗图①足以说明这一切：曼哈顿的单位面积能耗大于城市外围地区。在位于第30街区和第50街区之间的繁华街角，年能耗为每平方米2500到5000千瓦时，而在华尔街要超过5000千瓦时。在中央公园周围，能耗介于每平方米1700到2500千瓦时之

---

① http://modi.mech.columbia.edu/nycenergy/.

间。远离曼哈顿的地区，能耗量便迅速下跌。

如果不考虑交通问题，生活在市中心的高层建筑里并不是一个好主意，它会增加我们对能源的依赖。

一项针对纽约市单位面积能耗的研究也显示，1973年能源危机爆发之前，建筑单位面积能耗有逐渐增大的趋势（表6），有两个原因：20年内，照明、通风及空气调节需求增加；建筑面积和建筑使用体积比率呈下降趋势。这一现象早在20世纪20年代就出现了。伍尔沃斯大厦和帝国大厦的能耗比较图可以说明这一趋势（图3）。

表5 写字楼建筑单位面积能耗

写字楼规模	面积（平方英尺）	能耗（千瓦时/平方英尺）
小型	小于25000	17.8
中型	25000—50000	20.0
大型	大于50000	26.5

注：1平方英尺约等于0.09平方米。

资料来源：麦迪逊天然气电力公司网站，www.mge.com/business/services/comparison.htm?tx-tKWH=30000&txtTherm=30000&txtSqFt=25000&t=9&c=1.

表6 曼哈顿超大型建筑不同年代的单位面积能耗对比

年份	能耗（千瓦时/平方英尺）
1950—1954	37.8
1955—1960	48.2
1960—1964	49.4
1965—1969	78.1

资料来源：《高层建筑数量》，《世界高层建筑与都市人居学会报刊》2008年第3期，第42页。

不动产所有者决定在节能领域对已有建筑进行再投资，收益显著。以帝国大厦为例，据估计，2012年开始实施的节能方案约节省了38%的能源消费。控制窗墙面积比是其中最重要的举措。

至于新建筑，人们从建筑本身结构入手，降低了建筑体形系数[①]（m^2/m^3），最大程度保障外部光照的能源利用率。通过增大小户型住房的建筑体积，减少热能流失。新设计的世界贸易中心大楼就是减少了建筑外表面积，从而降低了体形系数。

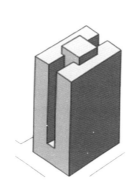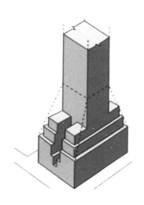

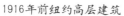
1916年前纽约高层建筑　　　　1916年后纽约退台式高层建筑

图3　大型建筑的体形系数报告

资料来源：《高层建筑数量》，《世界高层建筑与都市人居学会报刊》2008年第3期，第42页。

另一大趋势也逐渐显现出来：人们努力提升大型建筑的能源自给能力。在这方面，迪拜提供了诸多范例，能源塔和光之塔是摩天大厦中能源自给的典范：它们不仅具有太阳能板这样的光能采集设施，也同时配备屋顶风能采集装置。和其他许多新式建筑一样，那里也试图利用海水进行空气调节。尽管建筑师们为提升

---

① 体形系数是指建筑物与室外大气接触的外表面积与其所包围体积的比值。一般来讲，体形系数越小对节能越有利。

新型摩天大厦的能效付出了艰辛努力，然而，就此说迪拜这样的城市就是能源高效利用的圭臬，这是不太慎重的。

楼层越高，能耗越大，但大多数生活或工作在这种环境下的人更多地选择使用公共交通工具出行，我们能说，人口密集的大城市的能源利用率低吗？

二、汽车：有害的产物？

　　按照前一节的理论，市郊或者人口密度低的城市建筑能耗较小。与高层建筑多的城市相比，包括郊区在内的人口密度较低的城市更有优势。

　　对于东京、纽约或者巴黎这样的大都市来说，公共交通和人力交通工具在人们的出行中扮演着最重要的角色，在人流最集中的地段，如巴黎市中心，私家车的使用率在10%以下。在此有必要再次强调，世界上仍有很多居民生活在人口密度比较低的地区，但由于公共交通不能满足人们的需要，驾驶私家车出行理所当然地成了出行的首选方式。我们可以改变这一局面吗？

1. 决定出行方式的要素之一：出行时间长短

　　就全球范围内调查的结果来看，64%的受访者表示，机动车是他们出行的主要交通工具，而且这一现象有扩大趋势。不过，在不同的大洲或经济体之间，交通工具的选择存在很大差异。

　　例如，日本人会优先考虑环保的交通工具。我们注意到，71%的日本人在出行时会选择公共交通工具、步行或者自行车。然而在太平洋的另一端则是另外一种情形：85%的美国工薪族选择私家车。我们再来看欧洲，法国人的出行模式很有启发性：虽然私家车作为上班族的一种主要出行工具，但它的上下班使用率在这个国家远不及世界其他地区，其使用率是52%（世界平均水平为64%）；位居机动车之后最受欢迎的交通工具是地铁和火车，其使用率分别是17%（世界平均水平为8%）和11%（世界平均水平为7%）。

这些结果再次证明，和北美洲相比，亚洲及欧洲地区在公共交通普及方面做得更好。为什么会有这些差距呢？首要原因是上班所需时间的差异。例如，在美国，个人在公共交通上花费的出行时间高于自驾车（表7），汽车在这方面更有竞争优势，可以节省很多时间，而且更加舒适和灵活。国外的另一项研究（雷格斯研究①）也证明了这个观点。

根据调查，虽然当今人们的工作方式有所改进并趋于灵活，但是远距离的工作依然是大多数人无法回避的一个问题。全世界有20%的人使用人力交通工具上班，每天在路上所花时间超过90分钟。工作路线耗时最久的国家是中国和印度，平均每天花在上下班路上的交通耗时为一个半小时，有31%的中国人使用非机动车类交通工具；在印度，这一数字为26%。然而在加拿大和美国，分别只有8%和11%的人使用非机动车交通工具，并且上班途中耗时会多于一个半小时（图4）。在北美地区，汽车是出行首选，这便解释了许多问题。

根据拉瓦尔大学师生的调查②，55%的受访者认为，公共交通工具出行耗时过多，53%的受访者认为私家车更具灵活性，这也是人们不使用公共交通工具的主要原因。和上班族相比，学生

---

① http://www.regus.fret merci-facteur.com.

② http://www.cdat.ecn.ulaval.ca. 初始调查研究请参见：http://www.mtq.gouv.qc.ca.

较少使用汽车。不过，我们注意到一个有趣的现象，在城市的大学城里，汽车却是出行的优先选择。但也有一些数字可以证明人们对公共交通的兴趣：在调查中，37%的受访者表示，不选择公共交通工具的原因是班次和线路不合适。换句话说，如果这方面有所改善，人们可能会选择公共交通工具出行。

表7　美国各交通方式的使用情况对比（1960—2009）

交通方式		年份					平均耗时（分）
		1960（%）	1970（%）	1980（%）	1990（%）	2009（%）	
小汽车	自驾	64	77.7	64.4	73.2	76.1	23.8
	拼车			19.7	13.4	10.0	28.0
公共交通		12.1	8.9	6.4	5.3	5.0	47.7
步行		9.9	7.4	5.6	3.9	2.9	11.3
其他交通方式		2.5	2.5	0.7	0.7	0.8	27.0
在家工作		7.2	3.5	2.3	3.0	4.3	—

注：上班族在工作途中使用交通方式所花费的平均时间，1990年为22.4分钟，2009年为25.1分钟。

资料来源：http://www.census.gov.

　　由于自身的优势，从1960年到2009年，在与其他公共交通工具及人力交通工具①的竞争中，汽车处于领先地位。在美国的不同地区，自驾上下班的比例从64%到86%不等。这一现象在世界其他地区或多或少也存在。人们有能力购买汽车的时候，自然会使用它。不过，我们也注意到有些变化，以蒙特利尔为例，从2000年至2009年，选择公共交通工具和人力交通工具出行的比例有重新上升的趋势。

---

① 此处指以人力为动力的交通工具，包括步行和自行车。

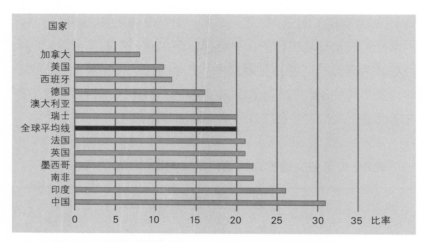

图4　上班族通勤时间超过90分钟的人口比例（%）

资料来源：IBM, *Commuter Pain Survey*, 2010.

表8　客运分配（% 乘客／公里）

国家分类	交通工具	年份		
		2010	2030	2050
经济合作与发展组织成员国	飞机	15	18	21
	火车	4	4	5
	小汽车	71	69	66
	公共交通工具	9	8	7
	自行车	1	1	1
非经济合作与发展组织成员国	飞机	7	7	8
	火车	10	8	9
	小汽车	25	36	48
	公共交通工具	46	29	21
	自行车	12	19	15

资料来源：Outllook 2012, http://www.ocde.org.

出行时间的长短是人们选择交通工具的决定性因素，当然前提是在收入允许的情况下。普遍而言，低收入人群和年轻人倾向于人力交通工具或者公共交通工具。此外，经济发达国家和发展中国家之间也存在差异。在经济合作与发展组织成员国内，汽车的使用率达71%，其他国家汽车使用率为25%（表8）。在一些发展中国家，以印度为例，2004年只有6%的印度人出行选择汽车。

公共交通使用率高并非是一个好消息，这可能是贫困的一项指标。可以说越是富有，小汽车的使用率就会越高。

在美国，收入和人们的生活习惯之间的联系并不明确：就所采用的交通方式来说，不论身处哪个社会阶层或者年龄层，汽车在美国人的生活中都占据着主导地位。美国的数据反映了两点：第一，美国人的家庭收入足够高，允许拥有若干辆汽车供所有家庭成员使用；第二，美国的公共交通并不怎么发达，除了驾驶汽车出行，基本没有别的选择。最后一点同时也说明，与公共交通相比，驾驶汽车所花费的时间普遍较短。

此外，在分析各个国家的出行数据时务必谨慎，上班所花费的时间是根据所有劳动力人口计算的，至于居住地点及工作地点，或者是劳动力人口居住城市的规模，在分析时并未做区分。正如我们所强调的那样，50%的城市人口居住在人口少于50万的城市（表1），这些城市所提供的公共交通方式远落后于大城市。

新闻总是把交通问题归罪于交通高峰时段的进城和出城工作者，往往忘记这些早出晚归的出行只是家庭出行的一部分。城里上班族中的大多数人从不去市中心，例如在加拿大，人均寿命达到82岁，一个人一生平均50%的时间要花费在看电视和睡觉上，剩下的时间里也只有8%用来工作。一个人在学习、健康护理、娱乐和购物上所花费的时间是工作时间的5倍。因此，一个人从出生到死亡，出行都占据着重要的地位。

不过，公共交通通常是为上班族量身打造的交通出行方式。然而生活在纽约或者巴黎这种世界级大城市，或者生活在一个交通便利的中等富裕城市，如我们前面介绍过的一些最受欢迎的城市，公共交通也并不能满足人们的所有需求，特别是在交通高峰期。即使生活在斯德哥尔摩或者哥本哈根，一些父母也会选择用汽车接送孩子去幼儿园。

现在，让我们来看看在家办公的情况。在美国，近30年来，选择这种工作方式的人差不多翻了一番（2009年达到4.3%）。但这并不是一种主流的工作方式，短期内不会对改善交通产生什么影响。

这意味着什么呢？在很长的一段时期内，汽车将依旧是主要的交通工具，所以有必要对公共交通及人力交通方式给予支持和鼓励，但因此而忽视提高汽车的能效将是一个错误，毕竟汽车是这个时代最普及的交通方式。

2. 汽车的能源效率一定低下吗?

根据美国国家科学院的一份报告[①]，从现在起到2050年，美国所投入使用的环保"绿色"汽车可以减少80%的石油消耗和温室气体排放量。从技术上来说，绿色燃料、电力或者氢气都可以作为保证机械运转的替代燃料。报告尽管很乐观，但同时也指出，汽车行业的能效还可大大提高。

---

① 美国国家工程、医药和科学学院、法新社，2013年3月19日。

　　根据《没有石油——人类是否还能生存？》①这本书的描述，到2050年，汽车行业将实现50%的节能目标，这将大大减少人们对石油的依赖，而且，奥巴马提出的节能减排目标也具有可行性。可当前汽车的使用还存在哪些问题呢？

　　在能效方面，小汽车强于空无一人的公交车或者火车（表9）。如果不考虑使用频率，就非高峰期出行来说，汽车的能效更高。我们以一个驾驶中型越野车（丰田RAV4、本田 CR-V、福特翼虎、斯巴鲁森林人）去滑雪的四口之家为例，每公里每位乘客的实际能耗是800千焦，这与柴油公交车的能耗不相上下。

　　如果同一个家庭驾驶中型轿车，从能效上来说，他们占有利局面，因为小汽车比公共汽车效率更高。尤其对于该家庭来说，直接成本会更低。因为如果乘坐公交车，除了燃油费以外，还需要支付司机和车辆管理公司的费用。

　　在城市当中，汽车如果只有驾驶者一人乘坐，那么利用率远不及满座的公交车高效。所以在交通高峰期，必须鼓励乘客使用公共交通工具出行，但应该取缔拼车制度。一辆新一代混合燃料的丰田普锐斯或者一辆使用可再生能源的"绿色"汽车，在搭载两位乘客的情况下，能效和公共汽车相同或者更高。如果地铁能达到一个合理的载客率，它在出行交通工具中的地位便不可动摇。不过正如人们所知道的那样，在加拿大，地铁是一种昂贵却不能满足所有人需求的交通方式。

① 加埃唐·拉弗朗斯，《没有石油——人类是否还能生存？》，多元世界出版社，2007，第388页。

表9 城区间和市区内各类交通工具的能耗对比

	交通工具		百公里油耗 （升/100公里）	载客量 （%）	单位能耗 （千焦/人·公里）
城区间	运动型多用途汽车		9	20%	3150
				40%	1570
	普通汽车		7.5	20%	2625
				40%	1315
	高效汽车		6	20%	2100
				40%	1050
	混合动力汽车		4.5	20%	1575
				40%	790
	柴油巴士		45	75%	525
				50%	790
	柴油火车		—	50%	800
	电动火车		—	50%	300
	飞机	（1000公里以内）	—	—	3000—5000
		（1000公里以上）	—	—	4000—9000
市区内	运动型多用途汽车		11	20%	3850
				40%	1925
	普通汽车		9	20%	3150
				40%	1575
	高效汽车		7	20%	2450
				40%	1225
	混合动力汽车		4.5	20%	1575
				40%	790
	电动汽车		1.5	20%	525
				40%	265
	柴油巴士		65.0	100%	570
				50%	800
	混合动力公交车		45.0	100%	395
				50%	560
	有轨电车		—	100%	300
				50%	600
	地铁		—	100%	130
				40%	280

注：1. 按照满载5人计算，20%为1人。

2. 中等型号运动型多用途汽车有丰田RAV4、本田CR-V、福特翼虎、斯巴鲁森林人等。广受欢迎的普通汽车有丰田凯美瑞和本田雅阁等。在交通工具中，一款汽车的受欢迎程度尤其取决于它在良好天气中的驾驶情况。

资料来源：www.hydroquebec.coom/developpementdurable；
http://www.tc.gc.ca/fra/programmes/environnement-pdtu-gatineau-montreal-1981.htm；
http://www.stm.info/en-bref/images/depliant09juin.pdf；
表中数据为以上述信息来源为基础的个人计算结果。

在非交通高峰期，对于不在市中心工作的上班族来说，除非上班，否则小汽车的效率远高于其他交通工具。换句话说，在上下班时间之外，和公共交通工具相比，小汽车是一个颇具优势的选择。

有时这与政策有关。2013年3月，魁北克大都市公共交通网（RTC）不得不对魁北克市市长雷吉思·拉博莫再三提出的防止"公交车空载"的要求做出让步[1]，减少了几趟早晚班公交次数，并且取消一条公交线路。根据我们的统计，在某些时段，某些线路全程只有4到5位乘客，而公交线路的标准是每小时20人的运输任务。这一例子再次证明，公共交通系统有它的局限性。

要理解这个问题的复杂性，得先来解另一个谜。理论上，如果不使用私家车出行，那么生活在蒙特利尔的人对燃油的依赖要小于那些生活在郊区的人。我们举一个例子：一个在蒙特利尔独自生活的人，使用公共交通系统出行（每天的行程为15公里），每年去欧洲旅行一次（在国外旅行时也借助公共交通系统）。为了更清楚地比较，我们再选取一个拥有四个孩子并配备两辆汽车的家庭。两辆车分别为中等型号汽车和小型汽车，前者每年的行驶里程为2万公里，后者为8000公里，该家庭去山区别墅度假。对比的结果令人吃惊：两个例子里的人均能耗竟然相同。搭乘一次飞机将抵消这个人当年乘公共交通出行节省下来的所有能耗。为了节能减排，巴黎之行应该取消，更何况中国之旅。

---

[1] 伊莎贝尔·波特，《拒绝魁北克公交车空载》，《责任报》2013年3月13日。

小　结

直观来看，有两个首要的策略可以减少我们对矿石燃料的依赖：完善公共交通系统服务；增加城市人口密度，以提高公共交通系统的使用效率。

但是这一章的讨论告诉我们，这些问题远没有得到解决。不论是对于小汽车还是公共交通工具，科技进步对于实现能源自给都是一个非常关键的因素。例如，城市中使用混合燃料的公共汽车显然比普通公交车高级。倘若利用可再生能源发电，那么地铁和有轨电车在交通工具中也是具备优势的。然而，如果用火力发电，这些交通工具的能耗就和其他交通工具不相上下了。小汽车在所有的交通工具中占据主导地位，原因至少有以下两点：第一，大多数城市居民无法随时搭乘公共交通工具前往自己想去的任何地方；第二，在非交通高峰期，借助小汽车拼车要比乘坐公共交通工具更加高效便捷。

换言之，不论生活在小城市还是大城市的郊区，这些选择都不是导致矿石燃料消耗增加的首要因素，真正的原因是：人们更加喜欢驾驶大型号的汽车，而大多数时候，乘客往往只有司机一人。怎样才能改变这些不利于环保的习惯呢？这将是我们在第三部分讨论的内容。首先让我们来一览城市能耗概况，我们将从住宅、商业及交通能耗三个方面展开讨论。

三、城市消耗了什么？

　　城市消耗了什么？首先我们需要把问题一分为二：第一，城市居民的消费行为将产生什么直接影响？第二，城市居民的消费行为对国家及世界消费有着怎样的影响？回答这些问题并不容易。直接消费受城市政策和城市居民所左右，可以对它的一些指标进行对比，例如水和能源的消费，人均产生的垃圾量和污染水平等。不过，并非每个市镇都有数据可供查阅。这便是能源消费的情况。

　　间接消费的研究难度更大。产品和资源的最终消费往往来自城市外围地区的初级及二次加工。城市消耗着水与能源，也消耗着原材料和由矿物及有机物质组成的成品。此处所需的数据，大大超出了本书的范围。比如，有必要根据国家和产品对进出口数据进行整理，同时，也应该按地区和城市对商品的运输消费情况进行分析。这是一项大工程。

1. 城市消费指数

　　为了让读者对城市消费有一个概念，我们列出以下标准：

　　（1）能源消费是观察一个国家消费水平的最佳指数，同时也可以间接了解一座城市的消费水平。然而，在整个生产、运输及产品分配过程中的能源损失则发生在城市之外。

（2）城市化率是一个指标性因素：在发达国家，城市化率平均在80%左右，在日本及一些欧洲国家则超过90%。从世界水平来看，城市化率为50%。发展中国家的城市化率可能低于30%。城市消费水平与城市化率并不成比例，而与城市人口比例有密切联系。

（3）工业部门是全球化的，50%的能源需求来自工业领域。这一数字长期以来保持稳定，原因很简单，初级加工是保障文明的重要环节，在任何时代都是如此。[1]相反的是，生产因国家而异（表10）。在终端能源需求方面，美国工业所占比例为34%，中国则占74.3%。我们也发现，西方城市鼓励第三产业的发展，尽量缩小工业所占比重。由此得出第一个结论，以工业消费为基础去比较世界各城市的消费是不够严谨的，必须考虑其他领域的消费问题。

（4）从表10可以看出，在居民住宅领域和商业领域，美国的人均能源消耗是中国的10倍，是印度的38倍。当然，这只是官方的能源消耗数据上所显示的差异，要是考虑到城市化率，差异会更加明显。

（5）接下来是与交通运输相关的消耗问题。在交通运输领域，与货运相比，客运的比例是多少呢？而在货运方面，运往国外和本地运送的货物的情况又如何？然而，整理这方面的数据颇有难度。不过，交通运输领域的居民人均消耗告诉我们，不同国家和经济体之间存在巨大差异。在交通运输领域，美国人的能源消耗是印度人的近54倍。造成这一差距的原因是，美国经济明显

---

① 欲了解更多信息，请阅读加埃唐·拉弗朗斯，《无度索取，人类等于自杀》，多元世界出版社，2002。

更加发达，货运量也就更大，人均运输线路更长。这些数字也说明，一个国家越是富裕，第三产业在经济中所占的比重越大，选择汽车作为交通工具的人就越多，卡车运输的重要性就越大。

就客运来说，上一章表8揭示了世界各个地区的显著差异，我们将研究对象分为经济合作组织成员国与非成员国。在经济发达的富裕国家，汽车的使用率达到71%，而在发展中国家，这一数字约为25%。2004年，印度在经济高速发展之前，将汽车作为出行工具的比例只有6%。[1]请注意，其小型的两轮或三轮机动交通运输工具（轻便摩托车或者三轮摩托车）在出行中的使用率为20%，这是我们在经济发达国家中无法看到的。

表10　不同国家或经济体在各个领域的能耗情况

		工业能耗（%）	住宅及商业能耗（%）	交通运输能耗（%）	民用及商业人均能耗（千焦）	交通运输人均能耗（千焦）
世界		51.8	21.6	26.6	12.5	15.4
富裕国家	美国	34.0	27.5	38.4	69.2	96.5
	加拿大	50.0	26.0	24.0	86.3	79.9
	欧洲经合组织国家	41.3	28.1	30.7	33.4	36.5
	日本	46.7	29.7	23.6	40.4	32.1
新兴国家	俄罗斯	53.0	27.2	19.8	44.1	32.2
	巴西	59.0	10.0	31.0	5.5	17.0
	中国	74.3	13.9	11.8	6.7	5.6
贫困国家及地区	印度	71.8	14.1	14.1	1.8	1.8
	非洲	61.0	14.4	24.7	2.3	4.0

资料来源：http://www.eia.doe.ogv，2008年的数据。

---

[1] 苏迪尔·切拉·拉詹，《印度能源和气候挑战》，《能源论坛手册》，第1卷，第9期，2009年8月。

在货运方面也同样。2004年，印度58%的货运由铁路运输完成。然而在美国，2010年，铁路运输在货运中所占比例仅为9.8%，卡车运输却高达68.2%。城市居民对快捷和多样化服务的严格要求导致在货运领域的过度消费，那么这些密集行驶在公路上的大货车到底奔向何处呢？这个我们稍后再讨论。

2. 对城市来说，这些数据意味着什么？

不论一个国家的城市化水平是高还是低，商业和政府机构的消耗都是为市民服务。在住房领域，城市化率和居民消费水平成正比。但总体来说，城市居民消费往往更高，他们毕竟要比农村居民富裕。

此外，城市生活对建筑能耗有着深刻的影响。因此，在建设标准的制定和国土整治监管方面，城市和国家同样重要，有时甚至比国家更重要。在能源方面，这些领域的能耗在经济发达国家和发展中国家所占的比例是不同的，前者是25%至30%，后者则为10%至15%。

在富裕城市，造成污染的主要原因是客运和货运，在经济落后城市，和工业及能源生产部门相比，交通运输对环境的影响有限。在大城市，毫无疑问，改善公共交通的举措受到广泛关注，因为这涉及减少汽车污染的问题。公共交通在不发达国家占有十分重要的地位。不过，经济发展意味着多承担责任，这对城市管理部门来说压力很大，它们必须考虑建设必要的基础设施，以容纳不断涌现的汽车和卡车。

我们以印度为例，苏迪尔·切拉·拉詹教授估计，到2020年，印度对石油的需求会以每年11%的速度增长。[①]就其本质来说，这与汽车购买量的增大和卡车数量的增长有关。我们可以猜测到这些变化会给印度带来什么问题。根据同一项研究的结果，到2020年，公路交通能源需求将占交通运输领域能源总需求的80%，货运和客运的能源需求量将不相上下。

就印度来说，如果除去工业领域的消费，城市消费约占全国能源消费的25%。美国的这一数字可能高达55%。从能源的角度来看，一个国家的富有体现在两个方面：交通运输方面大量消耗矿化燃料；住宅取暖、空调和用电设备大量消耗能源。

综上所述，城市在能源消费方面需要承担直接责任。居民也应对与日俱增的商品和服务需求承担责任。但是，对于改善这种消费需求，城市往往力不从心。这是一个权力分配的僵局和难题，因为这种行动、方法和技术往往不是由一国完成的，需要各国齐心协力。

那么，促使各国行动的理由又是什么呢？这是第三章将要讨论的内容。

---

① 苏迪尔·切拉·拉詹，《印度能源和气候挑战》，《能源论坛手册》，第1卷，第9期，2009年8月。

第三章

谁将拯救城市？

一、拯救城市就是拯救世界

一个人说："这是世界末日。"另一人纠正道："这是一个世界的末日。"

从此，谈论未来，只需整理一份可能发生的灾难清单。这些灾难大家都知道：最大的灾难都是人类引起的，他们日复一日地破坏大自然，无法停下来。人们就是这样对孩子们说的，他们当然深信不疑。科学失去了信誉，尽管它给了人类99%的知识。数码时代的技术引发了怀疑和蔑视，而我们却在它所带来的高度舒适中尽情享受。提起科学的进步，会遭到那些假装知道往哪里去，却不知道从哪里来的人的嘲笑。①

谁能拯救城市？考虑到城市现在和未来的作用，人们已经得出结论，拯救城市就是拯救世界，反之亦然。

谁能拯救世界？怎么拯救？人们谈论的是哪个世界？关于世界末日，每个人都有自己的解释：失去工作或收入降低、家庭离异或亲人离世、罹患癌症或心灵受伤，甚至是生命的终结，等等。

谁能拯救国家？在民主国家，通常，每隔四五年会有一次大

---

① 马里奥·罗伊，社论《灾难》，《新闻报》2012年4月10日。

选，那时，这个题目声浪一浪高过一浪。但人们讨论的话题范围有限：经济发展不景气、国民健康、环境、资源枯竭、气候变迁等都是沙龙讨论的话题。而且当政府的重心已经转移到新问题上的时候，人们往往还在为旧的问题争论不休。

21世纪是世界末日？

尽管话题是永恒的，但我们所剩下的时间却不多了。这是只见树木不见森林，假如世界消失了，这些争辩还有什么意义？报纸头版头条会不时地提醒我们，一个巨大的灾难正在等待着我们。那么，人类的末日究竟何时到来呢？

造成世界末日的原因可分为两类：（1）自然灾害；（2）人类的疏忽。自然死亡是高尚的，自取灭亡却是卑劣的。

20世纪60年代的核冬天假说和2000年的世界末日预言曾让人忧心忡忡。尽管出现了计算机千年危机，人类还是跨入了新世纪。2012年12月的世界末日说也不过是玛雅人的一个恶作剧。与玛雅人设想的相反，行星没有连成一条直线，因此世界末日并未到来。但有些人严肃地提醒我们，世界末日只是延期而已。《发现》杂志披露，造成世界末日的灾难可能不少于30个。[1]小行星撞击地球的可能性最大，据预测，小行星下次惹事将在2036年，不过，撞击不会造成太大的影响，甚至可以说微不足道。但在未来几十年内，我们的生存环境将越来越糟，无论是穷是富，也许所有的人都会像恐龙一样遭遇灭顶之灾。海啸和太阳风暴就算不

---

① 《30种世界末日的方式》，《发现》2010年10月。

具有毁灭性，也会让人类陷入生存危机。幸存下来的人将十分悲惨，但灾难终将过去。

对好奇心极强的人来说，地磁倒转将是一件有趣的事，尽管到时候会连坟墓都不够用，地球上四分之一以上的人口将会消失。那时，地球的运转规律会被打乱，现有的科学真理也会失去作用，幸存者则将失控。地磁倒转的周期大概从几万年到几百万年不等，平均间隔25万年发生一次，上一次发生在约78万年前，所以下一次应该很快就会发生了⋯⋯

不过，更大的灾难莫过于居无定所的电脑病毒了，它会使相当一部分人遭到灭顶之灾，就像中世纪的黑死病，而幸存者也将下地狱。

别担心，自然灾难造成的死亡至少可以保全人类的尊严，且目前并不必感到紧张。历史上所有关于世界末日的预言都未得到过证实，没有一个预言成真，失败率达百分之百。[1]

预言不幸的人想告诉我们的是，世界末日其实是人类自己的过失造成的，这就不那么光彩了。这更像是谋杀，而不是参与自杀。更糟糕的是，这还是一种杀童罪，因为死于这场灾难的人，正是引起这场灾难的人的子孙后代。

这种情况的来临好像指日可待了。法国灵长目动物学家埃曼纽尔·格伦德曼呼吁人们重新深刻反思人类在自然界的霸权，否则，2100年人类或许真的会从地球上消失⋯⋯[2]艾伯特·雅卡尔、休伯特·里维斯等科学家也不再乐观，他们多次敲响警钟：地球太小，无法满足人类对资源越来越无止境的需求。人类不会

---

[1] 洛伦佐·蒂托马索，《世界末日——否认我们的责任》，《责任报》2012年12月20日。

[2] 法比安·德格里斯，《生物多样性：人类缓期执行的世界末日》，《责任报》2010年11月8日。

因此灭绝，但也无法掌握自己的命运，大部分人将不得不为此付出生命的代价。"婴儿潮"那代人赶上了好时代，而未来的幸存者，再拼死拼活也不一定能达到那代人生活水平的一半。而我们如今面临的悲剧，正是那代人所造成的。

担忧来自各个方面，水资源短缺问题迫在眉睫，海洋被破坏，如何改善海洋问题可不是英国石油公司的事。随着沥青砂和其他页岩气开发失控，潜水层会被污染且无法恢复。当世界上的某些地区面临严重缺水时，巴基斯坦、海地、泰国的降雨量却大幅增加，甚至造成洪涝灾害。

若不控制温室气体排放，全球变暖将不可逆转，而且是灾难性的，首当其冲的是北极熊。但全球变暖只是未来的灾难之一，如果人类将困在冻土层和海底的甲烷释放到大气中，地球将会变成没有降温池的桑拿室。好日子到头了！

和其他人一样，本书作者也认为未来的日子将是阴暗的。[1] 如果人类继续自私自利，世界常规油气将出现前所未有的短缺。社会经济系统将无法在可接受的期限内更换能量系统。已被证明的银、金、铜的储量也不多了。按照目前的消费速度，大多数重要资源的传统储量将在本世纪结束前耗尽。一个世纪以来，人类用地球无偿提供给我们的资源，创造了有目共睹的文明。现在，将过渡到另一个能量系统，这对经济、环境以及人类的自尊而言都是痛苦的。

在过去的60年里，人们已经习惯了舒适的生活。尤其是西方人，他们生活在一个无忧无虑的温室里。石油和天然气都来自遥远的地方，来自地下深处，由几个油田巨头开发。一天早上，你

---

[1] 加埃唐·拉弗朗斯，《无度索取，人类等于自杀》，多元世界出版社，2002；《没有石油——人类是否还能生存？》，多元世界出版社，2007。

突然被吵醒，卡车经过你安静的住所门前，"考察"你地下室的岩层，或者在你的住所附近安装一个100多米高的风力发动机。从艾伯塔省的上空看去，海上钻井平台和周围的自然环境格格不入。人们惊奇地发现，140多年来，油田巨头开采石油一直轻而易举，然而面临资源枯竭也无能为力，毕竟海洋并不是开采黑色金子的乐土。

这还不是全部。极端自由主义者指出，未来将很悲惨，他们说得有理有据。如果不采取措施纠正人类目前的行为，我们的后代将不得不面临严峻的处境，并为我们的过失付出代价，而且结果一旦发生，将无法逆转。反资本主义运动同样为我们敲响警钟，21世纪前十年的世界，很多社会经济指数表明，我们可怜的人类已经走到悬崖的边缘：美国房地产泡沫、2008年经济衰退、贫富差距日益加剧、欧元危机……这些事件都表明，一切都出了问题。且不说有碍世俗化和国家发展的极端势力的兴起，某些国家的核威胁、美国右翼蒙昧主义的胜利……这样的问题比比皆是。

从最严厉的的生态学家到最不妥协的极端自由主义者，这种由衷的呐喊来自所有已经意识到危机的人。这些漫长的警报演习有一个共同点，即宣布世界的最后一幕将于本世纪上演。如果不立即采取行动，人类这种可怜的物种将濒临灭绝。

恐惧是人类的正常反应，出于生存本能。但我们目前看到了一种新的现象：恐惧可以阻碍资源领域的活动，尤其是城市的发展。于是恐惧成了一种强大的黏合剂，培养恐惧是需要代价的，无论是对压力集团还是对媒体来说。

但为什么这个世界的统治者们没有预见到这场灾难？为什么在某些人看来，墨守成规似乎占了上风？怎样回应预言世界末日的先知，怎样从根本上避免环境灾难？世界变糟了，而且越来越糟，正在走向衰亡，这是真的吗？21世纪人类灭绝的预言在某种程度上是否可信？

正如我们发现的那样，问题宽泛且具有哲学意味。如果国家领导者没有采取正确行动去拯救人类，那么谁又能拯救城市，市民们又该怎么做才能避免人们所预言的灾难呢？因为，世界人口毕竟众多，他们是有能力改变世界的。那就从气候变化这个促使我们行动的第一个理由开始吧！

二、行动的第一个理由：气候变化？

在新闻中出现频率最高的造成世界末日的原因是气候变化。声音来自左派以及通常被划为右派组织的环境保护主义者。2012年11月，世界银行为经济落后的国家敲响警钟，因为根据预测，从2060年起，全球温度将上升4℃，这远远超出了国际组织提出的警戒线。[①]世界银行的报告称，"世界温度升高4℃将引发一系列灾难性的变化，包括极端热浪、粮食储备下跌以及涉及数亿人的海平面上升问题"，并补充说，现在"丝毫不知"世界是否能适应这种状况。

世界银行列出了威胁地球的危险清单，其中有洪水、干旱、营养不良等问题，并预测东非、中东或南亚水资源枯竭状况将加剧，撒哈拉以南的非洲婴儿死亡率将"明显上升"。

在联合国政府间气候变化专门委员会（IPCC）第五次报告公布前，世界各城市和组织的代表就已经承诺减少温室气体排放，以应对全球气候变暖。在世界城市地区气候大会（南特，2013）上，成员国纷纷表示，它们一直在密切关注全球环境状况恶化对人类生命、水和食物的威胁。[②]几天后，法国外交部部长洛朗·法比尤斯进一步警告说，世界处于气候"悬崖"的边缘。

---

① 法新社，《新闻报》2012年11月19日；《降低温室效应》，http://www.worldbank.com/.

② 法新社，《新闻报》2013年09月28日。

各种各样耸人听闻的消息使人们相信了世界末日的说法，然而人们依旧没有改变自己的行为。这些关于世界末日的声明，对各个国家或城市的行动会产生什么样的影响呢？首先是每个城市的市长，但他们无法控制国家的政策纲领。为了减少温室气体的排放，需要上级政府慷慨的补贴，用以开发新的公交线路，制定新方案或建立分类废物回收站。然而，国家领导们日理万机，经常还有别的事务要处理，尤其是在经济萧条期。

必须承认，近150年来，人类共同完成的最大"成就"，就是让全球变暖了。大家都明白，解决这个问题需要同心协力，付出巨大的努力。《京都议定书》是一个有意义的尝试，但在全世界范围内，行动远没有跟上。

人类的处境已经岌岌可危了，为什么国际气候会议却没有达成共识呢？在2012年的多哈会议上，《京都议定书》第二承诺期签约者欧盟和澳大利亚的温室气体排放量仅占全球总量的15%，而加拿大、俄罗斯和日本拒绝加入。占温室气体排放量50%以上的污染国如美国，甚至未出席气候会议。

可以理解，发展中国家一心想加快发展，不希望受到协议的制约，但又该如何解释一些世界强国也不签署协议，即使是像奥巴马这样的进步主义者也没有一个积极的态度。

现在开始行动还来得及吗？克劳德·维伦纽夫在最近出版的一本关于气候变化的书中问道。①许多决策者觉得为时已晚，那为什么不早点采取行动？

为了更好地理解没有把气候变化列入首要问题的国家是出于什么动机，我们先来分析一下它们提供的论据。在具有警示性

---

① 克劳德·维伦纽夫，《一切都太迟了吗？关于气候变化之拙见》，多元世界出版社，2013。

的论据中，我们来分析一下已经形成流派的一些国际经济研究成果：英国经济学家尼古拉斯·斯特恩的研究报告（2006）[1]和世界银行关于2010年以来气候变化的系列报告[2]。

我们同样需要了解关于气候变化的文件中较为温和、不那么激进的观点。例如，《经济学人》批评某些发展增加了温室气体排放，导致温度上升，造成了不利影响。[3]在这样的背景下，这份特殊文件的许多作者都指出，在一般情况下，变暖期对地球有益。顺应自然变化是人类固有的一大品质，也是必然趋势。最后，他们指责危言耸听的人只看到了负面影响，却没有发现经济发展所带来的益处和短期进步。

经济杂志批判环境保护主义者，再正常不过了。但当他们其中一员也开始担忧时，你会怎么想？

1. 经济学家敲响警钟

大家有个共识，即气候变化与经济发展息息相关，但要估计影响的程度和性质却非易事。从2060年至2100年间，气候将发生大的变化，那时，现在的这些市场机制或边缘价格战略等经济学理论还有效吗？这种经济分析将碰到各方面的问题，如长期计划规划期的长短、风险和不确定性，这些都会影响经济增长和气候变化。

---

① 《气候变化经济学: 斯特恩报告》，剑桥大学出版社，2006。

② http://www.worldbank.org.

③ 《适应环境变化》，《经济学人》2010年11月27日。

　　或许正是由于这些原因，研究气候变化的经济学正处于起步阶段，关于全球经济发展对气候影响的分析也寥寥无几，更别说制定全球性政策的基础理论框架仍处于完善阶段。面对诸多不确定因素，一些决策者对制定解决气候变化或单纯减少温室气体排放的政策依然犹豫不决。

　　关于气候变化经济学的第一个全球性研究是英国前财政大臣尼古拉斯·斯特恩先生发布的。斯特恩的报告[①]是一个勇敢大胆的尝试，他从国际视角出发，论述和分析了减缓气候变化的成本，未来气候变化的消极影响对经济造成的损失。该研究遭到多方批评，作为世界银行前首席经济学家，斯特恩先生的研究面临着严峻的现实考验。

　　无需讨论方法论等细节问题，回顾报告中用于各种经济与气候预测模式的假设便可以让我们受益匪浅。

2. 方法

　　斯特恩团队对经济、气候变化和伦理三者之间关系的思考，动摇了预测经济长期影响的现行做法。当涉及决策，不同团体或经济体间，尤其是深受其害的几代人之间的后果分摊时，许多伦理问题就出现了。温室效应威胁全球的发展，且将持续数百年。无论是受影响的地域范围还是对气候变化的预估，都存在相当大的不确定性。

---

① 欲了解更多详情，请参见C.德加雷斯，斯特恩的研究之分析（2007年2月），《气候变化经济学》，http://www.ouranos.ca.

从经济学角度来看，温室效应是一种属于全球的"公共财产"，因为大气消耗不可能私有化。温室效应所带来的问题将由全人类共同承担。矛盾的是，当下那些排放温室气体的人，并不会受到这种行为的直接影响，受影响最大的是他们的后代。把某经济模式下的温室气体排放所带来的外在影响内在化，那就太复杂了，因为必须采取国际行动，且需几辈人的努力。

基于这些原因，斯特恩认为，传统的方法，比如使用溢出效应和成本效益分析概念以及现金流量折现法，仅仅是一个起点，需要一个表现良好的适应期。总之，斯特恩研究的最重要的一点，是他关于代际公平的思想。

现代的成本效益理论分析必有贴现率，它是随着时间而增加的。这种做法表明，现在所获得的好处多于未来。但对研究者而言，子孙后代应与当代人享有同等的利益。为了对比不同时期的影响，我们需要将贴现率归零。

这一做法违背了传统的成本效益分析理论，强化了温室效应的后果，而这种后果会随着时间逐渐增强和加大。对于今天的环境污染者而言，成本应该根据温室气体排放的整个周期来计算，所以数字惊人。为了我们的后代，包括生活在公元3000年后的人类，我们应该考虑它的长期影响。

批评家们很快作出了回应，他们认为，对于2200年以后气候变化对经济的影响，很难作出评估。没有科学的时代背景，现在谁能准确计算出预期的影响呢？而且，未来技术进步的程度和人类的行为都难以预料，这将大大增加数据预估的难度。

通过细致的检查分析，人们逐渐意识到，实际结果存在相当大的不确定性。有些情况，人类的确可以计算出温室效应的影响，比如冰川融化和海平面上升；也可以预见到美国的一些海岸将被淹没，而且会影响像纽约那样的城市。但也必须知道，人类对此只能逐渐适应。

　　一方面，人口结构的变化会导致城市形态的改变，城市也会制定更为严格的规定以适应可能发生的灾难。例如，科学的规定可以禁止在危险的区域新建住宅。在宏观系统中，这样的预防措施所需费用不值一提；另一方面，我们必须明白，目前的城市变化很快，建筑寿命有限，更新换代较快。新的建筑标准能更好地预防气候变化导致的风险。

　　在可以预料到的影响中，也应纳入由于干旱所导致的农作物减产，其结果是人口外迁，因缺乏粮食死亡率上升。世界上有很多这种高危地区，有的已经出现这种问题，例如说萨赫勒。现在就应该行动起来，不要等待遥远的未来。

　　该研究还假定海洋会酸化。鉴于地球上的物种在不断地消失，生态系统的破坏可能在15%至40%的范围内。但这一比例出入过大，容易引起歧义。如何衡量北极熊减少导致的经济损失？换言之，非商品的财富价值如何估算？如何看待为提高农业生产力而改良植物品种？生态系统遭受破坏，不能归罪于自然的反复无常。

　　更麻烦的是，该如何评估因气候变化所导致的死亡和损伤呢？根据历史数据，我们得出了一个荒谬的结论，即在发展中国家，自然灾害所造成的损失一般用伤亡人口数量来体现，而在发达国家则常用经济损失来表达。其结果是，如果拿美国和海地发生的大灾难来比较，我们会发现，一个美国人的命的价值是一个海地人的命的2000倍。

　　关于气候预测，作者们选择了A2和政府间气候变化专门委员会的"高气候"。在这方面也同样，许多评论指出，该预测太悲观。根据斯特恩的数据，2100年地球的平均温度将升高3.9℃到4.3℃。研究走在更前面，它使"世界末日的情景"模型

化，比如让墨西哥湾暖流停滞，如此，全球平均气温将升高5℃
左右。

自政府间气候变化专门委员会发布报告之后，关于气候灾难
的报告大增，但并没有真正的分量。同样是在2013年，政府间
气候变化专门委员会预见了2100年的四种气候情景。尽管报告
指出，全球将平均升温0.3℃到4.8℃，而中立的气候预测表明全
球将升温1.8℃到2.2℃，但只有4.8℃的预测才能引起最高度的重
视。压力团体因总是选择最悲观的预测而受到各方批评，因为严
谨的分析应该为人类提供各种可能性，仅提供最糟糕或最乐观的
情况都是不科学的。仅预测灾难是很危险的，因为这会让人们觉
得无论做什么都无济于事。

了解有关假设的各种背景后，我们再来研究斯特恩的报告。

3. 研究结果

基本预测表明，就市场商品而言，2200年，居民的收入将
平均减少2.2%。在"高气候"前提下，即使算上灾难和非市场产
品，两个世纪后，全球平均生产总值将降低20%以上。而2008
年一次金融危机就使全球的生产总值降低了20%以上。谁又能肯
定自己的经济预测没有错呢，哪怕只预测未来的短短十年？

不同地区国内生产总值的计算也有很大的不确定性。据估
计，2100年，全球国内生产总值将降低2.6%，而东南亚平均国
内生产总值则将降低6%。

> **理想的气候？**
>
> 　　减少温室气体排放的一切理由，其基础是，与工业时代初期相比，全球平均温度上升不得超过2℃，也就是说人类理想的气候相当于1850年以前的气候。然而，在时间的长河中，地球的气候已经几经变化，从长远来看，谁又能肯定气候变暖一定是坏事呢？
>
> 　　什么样的气候是理想的，可以让大家都能舒舒服服地生活呢？在20世纪，甚至在过去的50年当中，人类和城市都取得了较大的发展。当然，气候变化改变了地区的条件。既然过去人们曾经常迁徙，现在是什么阻止人们前往生活条件更好的地区呢？100年太久。这些都是专家们未曾回答的问题。

　　又有谁能想到，不到20年，中国就将取代美国成为世界强国呢？

　　斯特恩承认，小幅度的气温上升可能有利于某些发达国家，例如加拿大和北欧国家，但有害于南欧。人道主义者、环保主义者以及世界银行都再次肯定了该观点。

4. 北方行动而南方受益？利用南方迫使北方行动？

　　气象学家预测，各大洲将不同程度地受到气候变化的影响。经济学家倾向于认为，富裕的国家更能适应气候变化。而世界银行等组织向我们重申，绝大部分受影响的人民都居住在南方。

　　根据2010年《世界发展报告》，世界银行认为，从历史上来看，发展中国家并不是导致全球变暖的主要责任者，但它们现在却承担了全球变暖的75%到80%的潜在损失，真是可笑。农业减产、水资源减少、热浪多发、海平面上升等极端事件频率增加，都是威胁人类生存的因素。基于这一现实，世界银行给发达国家施加压力，迫使它们努力减少对生态的负面影响。

在2012年的多哈会议上，南部国家期望发达国家在2015年之前投入600亿美元，并确保2010年到2012年间300亿美元的紧急援助资金到位。2009年，在哥本哈根会议上，发达国家还承诺，在2020年之前投入1000亿美元。南部国家认为北部国家破坏了气候，使它们成了受害者，要求北部国家对南部国家因气候变暖遭受的"损失与破坏"作出补偿。

然而，"损失与破坏"了什么呢？如何评估？如何区别自然原因和人类疏忽导致的气候变化？

从严格意义上的人口统计学角度看，与发展中国家相比，发达国家的人口增长不多，因此可以说，发展中国家受到的影响更大，即使赤道附近的发展中国家比发达国家气温预期升高幅度小。人口预测还指出，包括中国在内的新兴国家的人口增长停滞。这相当于要求20亿左右的人口去帮助另外50亿人，到2050年，这50亿会增长到70亿。

做梦去吧。近代史告诉我们，国际社会并不是团结的典范。如果研究一下自然灾害导致的死亡率，我们会发现，经济合作与发展组织的成员国的死亡率要低于其他国家。根据21世纪前十年的数据，发展中国家有65%的人口受到过自然灾害影响，而在欧洲和北美这一数字仅为10%。根据地区比例，气候变化并不会过多改变这一残酷的事实。贫穷国家迫切需要帮助，光就这一点，国际社会也应该采取行动。如果连这种帮助都不能令人满意，那么气候变化又怎么能改变富裕国家的主张呢？

因气候变化而增加国际援助，有人对此持保留意见，这可以理解。这笔钱该用在哪里？用于哪个国家？何时使用？对抗哪个时期的影响？建议很不清晰。而且，提倡"尽最大努力以帮助贫困国家"的人，其理由是建立在假设之上的，但这种假设并没有得到一致的认可。

还有，穷人到底有哪些优先权？投巨资去对付并不明确的气候变化造成的影响，还是通过具体的措施，改善能源、交通和基础卫生措施等重要领域基础设施不足的现状，从而改善当今人类的命运？世界银行和人道主义者发出的呼吁过于抽象和学术化，国家之间难以团结一致。应对气候变化的影响需要长期投资，但这仅仅是促使人们行动的一个因素。

5. 形势不明朗，很难做出决定

应该承认，科学家，特别是气候学家给我们提供了大范围的气候预测，所以决策者不能认为未来只有一种可能。但这种科学预测缺乏精确性，这给解决办法带来了另一个变数：在事情不明朗的情况下强行适应。没有任何措施是决定性的，所以必须习惯迅速做出反应。

纽约应对桑迪飓风的措施就是一个很好的例子。[1]该超级飓风形成的条件非常特殊，在平息前意外地左转，袭击了美国东海岸人口最多的地区，祸不单行，纽约港特殊的地理环境加剧了飓风的破坏力。来自大西洋的海浪冲进漏斗状的港口，导致曼哈顿南部、新泽西和斯塔滕岛附近的海平面明显上升，浪高异常。

———
① 新星广播，公共电视网，2012年11月。

这种事件再次发生的可能性可能比旧金山再次发生大地震的可能性还低。气候专家指出，一般而言，大西洋沿岸发生飓风的概率很低，可是一旦发生，等级会很高。[1]可以为纽约做些什么呢？投入巨资建造堤防，或加强安全体系，尤其是保护发电站？但是，如果要为纽约实施这些保护措施，为什么不保护波士顿呢？因为，超级飓风的路径是完全无法断定的。

纽约的例子说明，适应气候变化的过程复杂，受很多不确定因素影响。不仅要在宏观视角下的全球范围内，而且要在微观层面对气候变化进行非常深入的了解和研究，才能做出有效的应对措施。研究应该拿出成果，适应，就是应该开发耐高温、耐旱的新型作物，处理好农业垃圾，改善和保护土壤等。归根结底，这是人与自然的一场永无止境的较量，在这场较量中，人需要不断审视和更新自己与自然之间的关系。

有些作者认为，气候变化已经是导致非洲城市化加速的原因。[2]但这是一个很坏的消息吗？城市化能促进国家财富积累，提高农业生产力，缓解能源方面的贫困。最终，我们可以认为这一有利于城市化的变化将加速人类社会的发展。

最近的历史表明，富裕国家的同情心是有限的，国际社会对于贫困国家的援助会依旧不足。经济学家正是基于这个不光彩的假设，坚信经济繁荣是应对变幻莫测的气候变化的最佳保护措施。从本质上讲，这也是世界银行的建议。

某思想流派认为，缓解气候变化问题需要从区域经济发展着手，而不必从全球高度去重新配置资源。矛盾的是，如果所有的

---

[1] 降频这一假说由新星广播气象学家提出。但这个假说似乎并没有得到业界的广泛认可，我们甚至听到过相反的论断。这再一次反映了现有模型的不确定性。

[2] 《欧盟联合研究中心的研究员萨尔瓦多·巴里奥斯及其诸位同事》，《经济学人》2010年11月27日。

贫穷国家都快速发展经济，温室气体排放也会大量增加，从而导致全球气候严重变暖。这依旧不是解决问题的好办法。

总之，这一讨论表明，这些全球性研究因漫无边际而招致许多批评。我们能责怪这个世界的决策者不加快行动吗？他们的政治纲领不能超过自己的任期。这是说，问题一出现，就要意识到必须去适应，因为现在什么都做不了？不，因为在城市层面，人们已经开始行动和适应了。

6. 气候变化对城市的影响

我们至少在一件事上达成了共识：气候变化是导致城市环境恶化的原因，因为城市往往身处第一线。这是它们不想遇到的额外麻烦，如果出现安全问题，就必须迅速采取行动。桑迪飓风对纽约地区造成的损失总额约700亿美元。如果这些极端事件频繁发生，可以设想，相关的市政当局就一定会采取措施，减轻影响。

总体而言，66.5％的自然灾害起源于大气，16.2％起源于地质，17.3％起因复杂（森林火灾和雪崩）。[1]气候变化可能导致起源于大气的自然事件增多，但必须意识到，鉴于目前的情况，我们就应该采取行动了。

---

[1] 全球自然灾害十年数据（2001年1月1日至2010年12月31日），http://www.catnat.net.

洪涝灾害

在出现最频繁的灾害方面，洪涝属四大灾害之一。相比其他灾害，洪涝造成的伤亡并不惨重，但却损失惨重，且严重扰乱城市生活秩序。飓风桑迪导致纽约瘫痪了一个多星期，洪水淹没了地铁，电路被切断，人们流离失所。不管在世界的哪个角落，这都是当局应该解决的问题。

必须区分可能导致水位上涨的两大原因：一、由冰川融化造成的海平面上升；二、由风暴或海啸造成的水位突增。

首先要注意，由于历史原因，世界几大城市都是临海而建。因此，由气候变化引起的海平面上升是第一大影响因素。海平面最高涨幅是多少？估计各不相同。

在2007年的报告中，政府间气候变化专门委员会估计，到本世纪末，主要由于全球变暖导致水膨胀，海平面会增高18至59厘米。该委员会预测，短期内海平面有可能每年增高2毫米。但是，英国《环境研究快报》杂志刊登的三个气候专家的研究表明，海平面平均每年增高3.2毫米，比委员会的预测高60%。[1]以目前的速度，从1992年至今，海平面升高了11毫米，到2100年，会升高40毫米以上。[2]如果海平面超速升高，在最坏的情况下，到2100年，海平面不是升高59厘米，而是89厘米。而该委员会于2013年预测，到2100年，全球海平面平均增幅约为50厘米。

升高半米意味着什么？对于威尼斯这样的城市可能产生大问题——威尼斯不可能重建。不过，受海平面持续升高影响的海滨

---

[1] 法新社，《海平面上升比预期快60%》，《新闻报》2012年11月27日。
[2] 美联社，《1992年至今海平面上升11毫米》，《新闻报》2012年11月29日。

城市并不多，问题不能忽视，却也没有宣传的那么糟。

　　海平面逐渐升高比突然升高更容易控制。实际上，飓风、海啸、洪水和暴雨都是导致毁灭性洪涝灾害的常见原因。2013年，离海边较远的城市丹佛和卡尔加里经历了前所未有的毁灭性洪灾。坐落于海边的城市需要配备应急保护措施，同样，在海域附近危险区域的城市也应制定紧急计划以应对极端事件。

　　有时，这种应急措施需要防御的不止一种灾害，位于地震带的城市所面对的就是这种情况。例如，东京面临着多种自然灾害的侵袭。美国西海岸的西雅图也同样，它位于地震带，可能发生海啸，人们还预测海平面也会升高，因此，这座城市需要多种应急措施。

　　像其他许多城市一样，太平洋旁边的这座城市已经明白，抵抗大自然变幻莫测的负面影响，最好的办法就是土地的智能规划。这并不是新的预防措施，自中世纪以来，荷兰就修筑了堤坝，利用风能风干土地。这个例子说明，国家和市政当局可以制定更严格的法规，采取更有针对性的保护措施，以免遭受水位持续上升所造成的负面影响。

　　发达城市已经采取行动。不过，只需实地转一圈就可以看到问题的复杂性。我们不希望一切重新修建。例如，原本可以用更粗的水道替换所有的下水管道，但没有这样做，因为人们偏向选择更便宜的减灾措施：抵抗暴雨的临时安置区、屋顶绿化、堤坝等。从http://www.ouranos.ca这个网站可以了解到相关问题的更多信息。

　　此外，城市越富裕，便越有能力采取措施，降低洪涝灾害和气候变化等极端事件可能造成的破坏。对经济发展落后的城市而言则另当别论。不过，别忘了城市化主要集中于发展中国家的新兴城市，对那些有洪涝灾害危险的城市而言，一个完全免费的措施，就是在人口大量增加之前，采取聪明的城市规划政策。

对健康的影响

夏季热浪频率增加是影响市民健康的主要因素之一。这些周期性高温令人不安，但远没有其他自然灾害影响严重。例如，21世纪前十年，唯一由高温引起的重大事件即2003年的欧洲热浪，造成法国和意大利1.5万人死亡，但与其他全球性灾害所导致的死亡人数相比，热浪造成的死亡数可以忽略不计。

但由于这次灾害涉及发达国家，所以引起了更多人的担忧。即使在受影响最小的城市，人们也在思考这个问题。据估计，蒙特利尔未来20或30年内，由炎热期延长而造成的死亡人数将翻倍。与世界其他城市相比，蒙特利尔的死亡人数并不多（约为75人），但结果表明，气候变化的确有威胁人类生存的趋势。

如何解决这个问题呢？提高个人可支配收入是最佳的预防措施。在这种情况下，没有比安装一台空调更好的选择了，当然还有很多其他降温措施。首要目的是减少热点。应该采取有针对性的规划政策，限制安装导致气候升温的新设备。为减少热点，就要避免使用沥青，白色比黑色更好，穿堂风和阴凉处有助于缓解温室效应带来的热浪。总之，要绿化城市，这是宜居城市的特征之一。

工厂排出的烟雾混合物会导致气温上升，威胁着城市人口的健康，水质恶化、水量减少好像对市民，尤其是南部城市市民的健康影响更大。幸亏，温度上升主要影响亚洲北部、加拿大、巴西以及一直面临干旱问题的西非。人们也注意到，降水主要集中在亚洲北部和加拿大。目前情况下，受到高温影响的地区往往是那些有能力应付的国家。而且，跟世界其他地区相比，这些城市的人口微不足道。

在这里，还得提醒一下，在南方一些贫困城市，炎热造成的伤害是毁灭性的。无论温度是否继续升高，相关的紧急措施都应该被提上国际社会的议程。

2012年3月，法国前总理弗朗索瓦·菲永在于马赛举办的世界水资源论坛开幕式致辞中说："世界目前有20多亿人面临饮水困难，由于饮用不合卫生标准的水，每年有数以百万计的人患上了各种身体疾病……面对巨大的挑战和难题，人类不能轻易妥协。"他呼吁国际社会调动力量、团结一致解决这一问题。

这些耳熟能详的言论反映了世界人民已达成共识，贫困城市的主要问题在于淡水资源匮乏和饮用水不安全。但是提取、净化和储存水资源需要电力和相应的设备，对于大多数经济落后国家而言，淡水资源匮乏、废水回收不达标、电力资源匮乏等才是更大的问题，它们对健康的危害比热浪更大。

瞄准问题的根本

对于世界上绝大多数城市而言，气候变化并不是采取行动的首要理由，首先是因为这一目标太过空泛。目前各国采取的措施通常是为了降低气候变化可能对地球造成的长期影响，我们已经看到洪涝灾害或热浪给人类带来了怎样的灾难。城市所采取的措施是有效的，因为它们常常能从气候变化产生的源头入手。

例如，新加坡在提高能源利用效率的同时扩大城市绿化面积。由于无法依靠可再生能源，这个城市国家选择了高效的燃气发电以提高发电效率。2000年到2006年间，新加坡发电系统的平均收益从37%提高到44%。作为中期计划，为减少热损失，新加坡提倡热电联产。最后，新加坡发电系统的平均收益率可能超过60%。

交通运输方面，新加坡的目标是在2020年将高峰期公共交通的使用率从63%提高到70%，并对新轿车严格征税。西雅图和纽约也制定了明确的政策，旨在短期内减少污染和温度升高带来的潜在影响。

这些例子表明，城市在减缓气候变化中起到了至关重要的作用，尽管各个城市采取措施的短期原因不尽相同。在行动的所有理由中，最重要的，也许是环境污染。

污染和城市

在环境方面，我们可以有把握地说，城市当局首先关心的是空气净化和饮水质量。废物收集和城市清洁也是治理重点。

除了许多煤电厂之外，城市周边市郊（整个城市网）的工厂也加剧了城市污染。对于飞速发展的城市而言，交通是城市污染的另一个因素。

我们曾乘坐邮轮从沿海前往内陆。出发时，海风拂面，天空湛蓝，向内陆行驶10公里左右，天空逐渐变成灰白色、乳白色、无色。在离海岸不远的地方，依稀可以看到热电厂，也许还有重工业工厂，水泥厂或有高炉的工厂。没有人喜欢这些工厂，但这对了解发展中国家的现实很有意义。这种情况也让我们意识到，一部分污染和西方国家有关，因为在这里制造出来的产品会销往欧洲。

气候变化是城市采取行动的首要原因吗？反正在中国不是。相反，污染才是。如果仔细阅读西方的历史，我们可以发现，城市里无论是水污染还是空气污染，都是习俗革命的导火索，伦敦即如此。

19世纪中叶，一些河流受到了严重污染，引起大家的批评。1858年夏季炎热干燥，泰晤士河的水流量下降，淤积了大量的残留物和污染物，导致城市居民恐慌和暴动。对霍乱等传染病缺乏认识增加了人们的恐慌情绪，促使议员们不得不采取行动整治污染。污染高峰期过后两周，议会通过了一项法律，决定投入必要的资金建设下水道。这个被称为"奇臭"的事件，标志着19世纪下半叶欧洲城市"卫生革命"的开始，这也促使各家各户开始使用抽水马桶。

伦敦还曾发生另一个改变城市的事件。1952年12月5日到9日，超级烟雾覆盖了这座城市，导致4000到12000人死亡，数字是否准确并不重要，重要的是，1952年的伦敦大雾霾被视为历史上污染最严重的事件之一，对政府制定环境保护法以及公众对健康和空气质量之间关系的认识都产生了深刻的影响。

当局很快便制定了严格的普通工厂与热电厂的污染物排放标准，这些措施有助于迅速改善空气质量。同样，洛杉矶也一度被浓烟笼罩，在居民的强烈反对下，美国《清洁空气法》于1990年诞生，接着，2000年又确定了停车场尾气排放量从2%降为零的目标。为减少空气中的微颗粒，蒙特利尔也相继出台了多条城市法规：禁止使用木材炉灶，禁止锅炉使用重油等。

世界上所有的城市都在关注空气质量，迫使市政府和国家当局制定更严格的能源消耗标准。首要目标在于减少污染对人们健康的影响，这些措施也间接减少了温室气体排放，有助于全球应对气候变化。

因此，可以认为，一些污染严重的国家将采取行动，并出台必要的法规，以提高能源技术与能源利用率。这是关乎公共健康的问题，算得上是一个好消息。

发电厂

在减少对矿石燃料依赖的各种长期方案中[①]，建立能源中心是一个理想的选择，它不仅可以减少人们对矿石燃料的依赖，也可以减少如温室气体或微颗粒的排放等城市污染。这些能源中心包括发电站或热力生产中心。

在第一种情况下，如果利用自然热能发电，热电联供可以回收发电厂的废热，用于满足居民或商业消费者的取暖需要。但为使热电联供有经济效益，需要建立热能分配网。

建造能源中心的第二个好处，是它可以为发电厂或高效率锅炉提供多种类型的可再生能源选择，如地热、太阳热能、光伏和生物质能等。

能源中心规划在一个新居民区、新住宅或商业综合大楼更加容易获得批准，这很容易理解。建在老居民区会有两大障碍：第一个是经济障碍，建造热力分布系统和加热转化系统的成本高昂，这会使建造能源中心成为泡影；第二个是社会障碍，"禁止踏入我家后院"的社会心态会妨碍新型能源中心的建立。而且，一些城市的法规禁止使用有机能源。

为推动新型高效能源中心的建造，需要将它系统地纳入城市规划中。

取暖和降温的需求

2006年，一部关于天王星的研究著作（2013年再版）指出，气候变化对环境的直接影响在于全球气温升高。这种现象在

①加埃唐·拉弗朗斯，《没有石油——人类是否还能生存？》，多元世界出版社，2011。

魁北克尤其明显，这些年来，人们取暖的耗能在逐渐减少，室内制冷的需求却逐渐增加。书中提供的分析方法已被魁北克水电公司用于预测住宅和商业机构的用电需求，未来也将被环境与经济国家圆桌会议（NRTEE）用于估算气候变化对加拿大能源需求的影响。

通过统计，人们得出结论，温度升高对不同季节的能源需求有两种相互对立的直接影响：冬季取暖需求减少，夏季降温需求增加；其次，燃料需求比电力需求下降幅度更大，预测2050年的系数差为6到8，这不小了。不过，间接地说，这也算是一个好消息，因为温室效应会因此而降低。

用研究北美地区的研究方法去推算其他地区气温升高的影响，得出的结论是相似的。如果考虑到气温升高导致取暖需求和温室气体排放下降，那么，全球变暖的影响是正面的。用类似的研究方法类推北纬35度的城市，可发现取暖需求下降节省的能源，刚好用于温度升高导致降温需求增加的那部分。然而，这类城市的数量在下降，到2025年，只占世界城市的不到三分之一。换言之，温度上升会导致全球大多数城市暑期降温的能耗增加。

减少暖气的使用，不需要特殊措施。相反，空调能耗的上升可以通过节能项目或简单的措施来减低，这类措施可以降低住宅和建筑物的热量。由于房屋的寿命通常超过50年，因而，根据气候变化的预期影响来设计房屋是很重要的。市政府应采取以下措施减少对空调的需求：更好地规划土地，减少高温点，提高建筑物的热封套效率，安装反射窗，提高空调性能等。增大水域面积，为了提高空调机的能效，也可以利用海水和湖水。多伦多和迪拜在这方面已经取得成功。

在寒冷多雪的国家，温度升高可能对工业和交通部门产生积极影响。例如，在工业领域，我们发现，温度和天然气的消费量之间存在一定关系。大型工业厂房冬季取暖的能耗并不是关键问题，能效差才是问题所在。

气候变暖对交通运输有两点好处。一、道路积雪减少，所需的除雪费用也随之减少；二、众所周知，汽车在冬季平均每公里所消耗的燃料更多。例如，在道路积雪的情况下，汽车行驶效率至少降低20%。当然，这些差别并不显著，但它表明气候变暖有助于减少能耗。

最新的调查结果也值得注意，专家认为，气候变暖有助于水库储水。据估计，炎热导致大水库供水增加约12%。

提 要

气候变化给城市带来麻烦。我们已经看到，全球气候在发生变化，虽然这种变化尚未达到最严重的程度，但是由此而引发的洪水、热浪和干旱灾害已经造成损失。因此，城市在制定长期规划时，应该考虑到这一因素。从哪儿开始呢？首先需要设立一个战略规划部门，并与多学科研究人员共享信息和资料。为此，蒙特利尔的乌拉诺斯网络可以作为范例进行推广。

每个城市都有自己的时间表，这往往迫使它们优先考虑为期短见效快的措施，尤其在提高空气和水的质量上。幸运的是，减少空气污染便可以从源头上减少温室气体排放。对于预防洪涝灾害、热浪等天灾，并不需要一切重做，只要采取有针对性的措施，尽力减少这些异常的自然现象带来的灾害。目前的行动也可以避免未来的灾难。

在能源方面，气候变暖对世界上三分之一的城市是有好处的，那些最受欢迎的城市正属于此类城市。取暖和交通的能源消耗将会下降，这将减少温室气体和一般的污染。不过，空调的增加会导致城市用电的增加。

国际社会是否应该采取行动应对这场气候变化？显然，像《京都议定书》那种具有约束力的协议，并不是所有国家都能接受的。因此，需要制定更有针对性的协议。近年来，发达国家减少了温室气体的排放，但国际间为什么不能达成协议，为发电厂制定更为严格的国际排放标准呢？技术创新可能惠及每一个人。

运输技术创新也是减少城市污染的一个途径。如果我们把提高运输效率和提高能源生产效率结合起来，就可以减轻污染。中国和印度这两个世界大国在这些方面做了很多研究，前景相当光明。目前中国是世界工厂，按照这样的趋势发展，到2020年，中国有可能成为世界的实验室。对此，人们应该持乐观态度。

鉴于世界上许多国家的城市人口将翻一番，尤其是贫穷国家，国际援助并不需要以气候变化为理由才采取行动。

世界银行认为，经济繁荣是免受气候变化影响的最好保护措施。众所周知，这是一个悖论。因为经济发展将导致消费增加，从而产生更多的温室气体。那么，经济发展到底应该增长还是停止？这是下一部分的主题。

三、行动的第二个理由：
货物运输和经济发展

一直以来，经济增长都是世界各地市政府最关注的问题，如果一家公司想在一个城市投资，市政府一定会大力欢迎。市长们决不会吝啬将绿化带改为建筑工地，他们迫切希望有投资商愿意修建新的住宅区或商业中心，即使修建出像DIX30这样的商业中心也没关系。

融合是大城市发展的潮流，可以使城市变得更气派，吸引更多的投资商和大公司。

显然，城市发展是国家经济发展的重中之重。经济越繁荣，城市化程度便越高。相反，如果人口停滞或减少，经济便会受影响，发展也会遭遇瓶颈。底特律和克利夫兰便是如此。如何重新开始呢？

1. 增长万岁？

如果经济增长停滞，城市不仅无法再建新的基础设施，甚至难以维持现状。要改善环境，城市必须足够富裕、繁荣。然而，

2008年经济危机使西方陷入一段普遍悲观的时期。

2010年年初，人们悲观失望，看不到任何转机，美国式的经济发展开始遭到质疑，欧洲和美国无法振兴国家经济。无论在希腊和西班牙等经济衰败的国家，还是在法国等相对富裕的国家，欧元危机带来的悲观气氛是同样的。西方大国第一次意识到自己不再是世界中心。"阿拉伯之春"，中国、印度和巴西的崛起，使西方国家在陶醉于自我世界影响力的同时，开始谦逊起来。

这意味着西方经济增长走到了尽头，美利坚帝国气数已尽了吗？

正如现代预言家预言的那样，历史开始重演了吗？其实并没有，历史进程告诉我们，只有在必要的时候，人类才会重复以前的行为，但目前看来并不具备这个条件。

19世纪欧洲辉煌一时，20世纪美国称霸世界，21世纪亚洲崭露头角。从这个角度看，各大国的目的是一样的。在资源的可支配性方面，大国对其经济体系抱有坚定不移的信心，认为一切都是永恒不变的，这导致强国判断错误，造成严重的后果。21世纪的前十年，大多数西方国家都是如此，走错道路的国家将很难恢复之前的状态。

为了弥补曾经的过错，西方国家将工厂大量搬迁到新兴国家，使其反败为胜。总体上，这是人类的胜利。新千年之初，出现了两个新元素：一、某个强国独霸世界的局面已成为历史；二、依靠单一能源发展（受少数国家控制）不再可能。21世纪将属于那些能够专注于能源效率和低熵发展的群体。

换句话说，历史不再重复，未来是一个崭新的世界。

2. 地缘经济新格局

经济发展将继续跌宕起伏，如果稍微关注一下当今经济发展趋势，不难发现欧洲似乎快要成为失败者。与全球其他经济集团相比，欧洲经济集团的重要性逐渐下降，已经有近50%的世界贸易是在亚太地区进行的。

经济合作与发展组织证明了以上的假设，并对2010年至2060年间20个主要国家的经济作出了预测。[①]这个预测有很大的不确定性，但至少证明了目前全球经济的组成将发生重要变化。中国将很快成为世界第一强国。2060年之前，印度会超过美国，巴西会排名第四。最后，在世界国民生产总值中，中国占28%，印度占18%，欧元区占9%，而美国会从2011年的23%下降至16%，日本从7%下降为3%。

与20世纪相比，未来经济增长将会越来越缓慢。这种现象有几个原因：首先，目前各个经合组织国家和中国等新兴国家的人口老龄化现象严重，我们面临着越来越大的挑战；其次，资源的稀缺和气候变化也阻碍了经济增长。

美国依然是人均收入最高的国家，加拿大紧随其后，接下来是日本，以及德国、英国等欧洲大国。与这些最富裕的国家相比，法国、西班牙、希腊和意大利的个人收入有所下降，但仍很高。

中国的个人收入大幅提高，从相当于美国人均收入的18%上

---

① 经济合作与发展组织，《展望2060：全球经济长期增长前景》，2012年11月。

涨到60%。即将成为世界第二强国的印度，人均收入预计可提高至美国人均收入的30%。但到2060年，印度仍然是贫穷国家。除南非之外的其他非洲国家都不会位居世界最富国家前20名。

汇丰银行也研究过该问题且得出了相似的结论。[1]

21世纪的经济与过去的经济有很大不同。任何国家，无论大小，都应该共同努力，使资源消耗合理化。因此，每个国家都应该努力提高能源的自给，首先要提高发电能源自给。随着能源价格的上涨，全球化的表现形式将与以前有所不同，道理大家都懂，但鼓励人们更多地消费自己生产的产品并非易事，且需要一定的时间。美国前总统奥巴马在第二个竞选期内曾提出"购买美国货"的口号，鼓励美国人开始行动。

在实践中，以经济板块为单位的经济发散式增长将对城市产生影响。

经合组织成员国的人口增长率很低，但城市化的速度却非常快，结果导致各城市规模相差无几。城市发展将由各自扩张进入合并，但不会出现像过去70年来那样的大规模扩张。

新兴国家的城市化率将大幅度提高，例如中国城市化率涨幅将为50%至70%。令人欣慰的是，随着城市化率的提高，个人可支配收入将相应增加，这种增长模式将导致城市数量急剧增加。然而，我们相信，如今的城市化模式将与20世纪的美国不同。而且，这些新兴国家并不害怕推倒重建。因此，我们期待这些城市的发展会更好地响应城市可持续发展政策。

印度等经济落后国家的人口占世界总人口的比重大，尽管这些国家也在发展进步，但气候变化和资源匮乏等世界危机对这类国家造成的影响也比以前更为严重。

---

[1] 汇丰银行的预测，《2050年全球展望》，2011年1月。

人口预测显示，到2050年，世界人口将增加20亿人。这些人口将成为新的消费者，加上已有消费者，世界经济的规模可能会增加三倍。

整体而言，人口增长导致消耗增长，这才是症结所在。

有人对未来作出预测，汽车、住房、食品等各类商品需求增加，会导致环境承受能力达到极限，人们无节制地使用资源，会使气候发生变化甚至造成社会混乱。但是这种预测有危言耸听的成分，经济发展终究是利大于弊。

难道停止发展是真正解决问题的方法吗？走着瞧吧！

3. 停止发展?

"愤怒者"运动堪称2011年最引人关注的新闻了。该运动的影响波及全球，涉及的问题也错综复杂。但不同于以往的示威游行，此次运动使经济零增长、自愿减缓经济增长甚至经济负增长再一次成了新闻主题。

负增长的关键并不在于减少消费，而在于社会和生态消费可持续发展，尤其要逐渐减少矿石燃料的使用，同时努力缩小穷人和富人、当代和后代之间的差距。零增长首先与资本主义发展理念相违背，社会经济危机为重新定义社会和集体生活提供了可能性。人们开始揭发资本主义制度下金钱、金融体系、全球化、价格过低、普遍浪费、缺乏民主等问题。"寡头政治，够了，民主万岁！"《世界报》记者、法国左翼思想家埃尔韦·肯普夫回应了当下的这些问题。①

法新社评论员马里奥·罗伊指出："肯普夫认为世界资源将被人类耗尽，他是强大且根深蒂固的反资本主义流派的继承人，如今甚至成为'反西方主义'的继承人。"②肯普夫断言"西方社会的物质生活水平逐渐下降将成为世界政治的新形势"。在肯普夫的理论中，生态学在这一过程中扮演着举足轻重的角色，迫使人类在"退出现行行为"和灭绝之间做出抉择。肯普夫的两部著作《拯救地球，摆脱资本主义》《富人如何摧毁这个星球》③都清楚地阐明了他的观点。

自由主义控制资本、大企业和舆论，破坏的不仅是地球，还有西方民主。人们并非总能意识到这一点，但是像肯普夫那样伟大的精神领袖还是有自己的影响力的。政治家并不反对经济增长，但他们更希望自身的行动受到大众的拥戴。长期以来，在竞选活动尤其是左派的竞选活动中，政客们喜欢说"打击富人"，因为民众希望听到这样的字眼，环境问题也是如此。

"增长"总是和资源浪费、气候变化等环境问题密切相关，这是当今的时代特征。能源这个话题尤其重要，大家都知道，绿色和平组织为反对核能而战斗。他们成功了，但其他能源问题却紧随其后。沥青砂、页岩气和水电都是有利可图并能引起媒体关注的行业。肯普夫从生态问题出发，进一步谴责野蛮的资本主义。

其实，肯普夫揭露的问题，国际性的民间学术团体罗马俱乐

---

① 埃尔韦·肯普夫，《寡头，够了，民主万岁！》，瑟伊出版社，2011。
② 马里奥·罗伊，《寡头政治家》，法新社，2011年2月25日。
③ 埃尔韦·肯普夫，《富人如何摧毁这个星球》，瑟伊出版社，2007。

部早在1972年出版的《增长的极限》①一书中就已提到过。梅多斯的报告是世界上第一个强调经济和人口增长会对生态环境产生负面影响的重要研究。不管是对那些反对"发展"的人，还是对那些自称为进步派的人，这本书都已成为权威著作。

综上所述，罗马俱乐部早就警告过世界：没有增长的稳定，2000年后不久，人类就会陷入深渊。好险，我们还是存活了下来！

当代的悲观主义者采用相同论据，认为资源终将枯竭，人类正在走向灭亡。根据他们不同的悲观程度，世界末日将于2050年到2100年之间到来。与罗马俱乐部的报告相比，世界末日推迟了一个世纪，还不错……

让我们回到一个基本问题上来：如果经济不增长，人类会进步吗？不会。这是一个违背自然的论题。

自古以来，人类就消耗着自身活动所需之余的"无用"能量。当然，人类总是努力发展，希望养活更多的人。但技术进步使人类逐渐从手工劳动中解放出来，人们不得不寻找其他方式来消耗时间。

经济增长是人类的核心动力，可以让人类适应变化越来越快的环境。幸运的是，越来越多的增长发生在虚拟经济领域，这和能源消耗的关系并不大。一个时代比另一个时代更富想象力。发达国家三分之二的就业机会是服务业提供的，随着时间的推移，这将成为一个重要的趋势，在新兴国家中亦是如此。

换句话说，经济增长将越来越依赖于知识。另一个好消息是，在城市中生活的人越来越多，这促使资源分配更加合理化。

---

① 丹尼斯·梅多斯，《增长的极限》，世界图书出版社，1972；《停止增长？增长极限研究报告》（法国版），法亚尔出版社，1973。

另一个数据相对乐观：从现在起到2050年，世界人口将增长20亿，此后人口将保持稳定。换句话说，罗马俱乐部的论断应该谨慎推崇，因为人口并没有像它宣称的那样翻一番。资源使用有度仍是当今主导理念。但客观事实是，自1970年以来，生产力的提高满足了不断增长的世界人口越来越多的需求。

实现负增长的极端措施是有风险的，因为在民主体制下，这些理念是很难得到支持的。那些支持生活简单化的人们不用电视机，也买不起平板电脑，他们在30℃的高温天骑自行车逛商店，从不坐飞机或者出门旅行。他们与多个室友一起挤在一间旧公寓里，将暖气降到冰箱的温度。这种生活方式会被崇尚自由的西方国家公民认同吗？

满足人们的基本需求是刻不容缓的，因此，经济增长是不能停止的。可以大胆地说，消费社会还有好日子过。

"愤怒者"运动的参与者提出了很多值得分析的基本问题，从许多方面来看，这些也是我们试图回答的问题。首先，如何降低城市消费？

消费者喜新厌旧，造成浪费，但也不能全怪他们，可持续发展并不是一个质量标准。保险要求十年后更换热水器，法律要求八年后进行车检，冰箱寿命为十年等等。有些设备不支持软件更新，所以在使用一段时间后不得不更新换代，就像打印机这类因为软件的发展而不得不更新的设备，其寿命甚至比不能更换电池的家用电器的寿命还短。

停止增长是不切实际的，但我们可以减少消耗，或至少可以更负责地消费。如何减少受教育程度和要求越来越高的消费者对产品的需求？即使难以遏制消费增长，我们仍然可以采取一些措施来降低生产、运输和产品的存储带来的负面影响。在这些措施中，如何减少公路上越来越多的卡车带来的负面影响呢？

4. 货车太多怎么办？

民间反对发展页岩气产业的理由很多，呼声集中在卡车在乡村道路上行驶导致的种种恶劣后果上。开采页岩气层需要很多卡车来运输，而卡车会制造噪音，损毁路面，造成巨额损失，并会增加温室气体的排放。

出于好奇，我们对这些千夫所指的货车进行了一次简单的调查，在布谢维尔市20号高速公路上的德莫尔塔尼出口，仅1个小时，就有100辆卡车经过。经过几个小时的观察，我们发现，除了运输页岩气的卡车之外，还有很多运输其他东西的卡车经过。

这仅仅是一个交叉路口几小时的数据，在蒙特利尔周围的高速公路出口附近，更是卡车成灾，它们总是占着大小路口，却没有人出来反对。主要是因为反对页岩气行业很容易，毕竟那是一个可以直接投诉的实体，但卡车增多是由城市居民不断增加的消费引起的，而人们很难反对自己。

货车运输与即时消费是城市化的直接后果。城市越富裕，人们对产品多样化要求越高，越不能忍受交货时间拖延，尤其涉及新鲜食物时。

为什么商品运输会无端浪费能源？过去，为了降低粮食短缺的风险，城镇居民会将粮食储存起来。储存地点往往位于市内，商人可以将成品存储在仓库或库房里，谷物等散装商品可以长期储存在火车站或港口。

　　随着消费型社会的迅速发展，货物运输的情况越来越复杂。尤其是在发达国家，产品种类大幅度增加，消费者越来越需要新鲜产品。为了满足消费者日益苛刻的需求，产品经销商首先使用多样化的运输方式调整他们的销售策略，卡车运输取代了火车和船舶运输成为潮流。为了运输新鲜产品，连飞机也用上了。

　　货物运输方式多样化在能耗方面产生了重大影响。2010年，美国在交通工具能耗方面，重型卡车长途运输的能耗是铁路运输能耗的两倍。2020年，这一数据将增长到12倍。2003年至2008年魁北克的公共交通覆盖越来越广，小汽车能耗越来越小，而柴油消耗仍然增长了14%，这自然是日益增长的消费需求使货车运输飞速发展的结果。另外，据预测，2010年至2040年，美国轻型汽车油耗将下降19%左右，但重型车辆油耗会增加50%。①这就好像潘多拉的盒子。

　　由于人们对产品的需求日益多样化，港口或火车终点站作为长期储存地变得越来越不现实。于是，市郊开始出现一些货物集散中转站，方便小型卡车运输一些易储存的产品。正是这种对产品的"即时消费"，导致了大规模的"存放运动"。

　　为适应这种情况，大面积商店增多，以储存越来越多的商品。自1981年起，人们对"即时消费"的产品需求开始大幅度增加，使食品行业和零售行业的发展速度远比货物集散中心的面积增长速度要快。②最后，消费者为了享受这些大型连锁商店提供的便捷服务，不得不更频繁地使用私家车。

　　网上购物的出现使情况变得更为复杂。在美国，货运卡车的能源消耗并不大，约占重型卡车消耗的5%。但可以预见，在重

----

① 美国能源部，《每年能源前景展望报告》，2013。
② 源自魁北克水电公司的定期商业和机构调查数据。

型卡车或大型超市消耗不降低的情况下，货运车辆总能耗将越来越大。

城市的消费模式几经变化，最后越来越依靠石油。卡车成为重要的污染源，更别提重型卡车造成的噪音污染和车祸。同时，城市交通空间的使用也面临着严重冲突。高速公路或街道的建造，起初是为了方便私家车出行的，而非用于大型运输工具或大流量运输；另一种冲突是城市中心没有大面积的停车场或空地，以满足卡车司机或超市的停车或货物储存需求。这些问题导致城市向郊区扩展。如何改变这种局面呢？

首先，必须认识到这个问题的复杂性。货物运输管理和整治涉及政府职能部门的多个方面，而各部门之间又往往缺乏沟通和合作，例如城区市长提出的关于建立卡车集散地或大型商店的要求，郊区市长并未作答。多个职能部门共同负责公路网的开发和管理，并承担公共交通补贴，但在大型车队和超市的经营问题上，它们却没有话语权。私营企业可以想干什么就干什么。

的确，各级私营机构和政府部门之间缺乏合作。市郊立交桥交通堵塞就是一例。更糟的是，私营机构的高度自由会有碍公共交通政策的制定。例如在蒙特利尔，郊区列车电气化、客运列车班次、多瓦尔机场巴士班次等无法协调运营安排，使各个交通组成部分都出现了很多问题。海运和空运的问题与此相似。人们呼吁国家投资建设新的基础设施，但这些发展都未纳入更广泛的城区货运和客运计划中。

客运、货物存储、运输和配送、交通方式的选择以及商业中心的管理等都需要整体布局和规划，这也是城市发展必然的选择。但鉴于城市的现状，短期内制定政策，实现产品配送优化发展是不可能的。从长远来看，首先应该让公共机构参与到货物运输的规划中来。政府不应该随意提供补贴，应该有所审核，有所取舍。

还有其他解决方案吗？铁路是人们想到的第一个解决方案。为什么过去商品的主要运输方式是铁路，而现在是卡车呢？答案很简单：铁路运输太缓慢，而且不够灵活。目前铁路仍主要用于散装货物运输。上文提到的美国式运输证明，卡车运输取代铁路运输是不可避免的趋势。

第二个解决方案是改进技术，严格的维护工作也会取得良好的效果。实际上，卡车的运输效率比不上小汽车，原因很简单：重量。消费者永远可以选择购买更为小型的汽车，以节省能耗。在货运行业，发动机功率必须与卡车的尺寸成正比。北美的卡车尺寸已经很大了。根据负载量来优化卡车尺寸，可获得显著增益。

不过，人们可以进行多项卡车技术创新，比如使用混合动力。现在在市区穿梭的送货车和垃圾收集车都使用这种技术，起码混合动力可以减少停车或堵车期间造成的不必要的污染。

第三种方案：用生物柴油、乙醇或天然气代替部分柴油。这些新型燃料可以在不影响内燃机功效的情况下减排。

第四种方案：优化货源地和目的地之间的距离。采用真空运输方式的卡车可以更大地减少燃料使用。拉瓦尔大学已经设立了一个这方面的研究项目。[1]研究人员认为，将来可以让卡车达到最大载货量，来使得货运行业减少60％的温室气体排放量。研究人员声称，未来将有三分之一的卡车采用真空运输。为优化载货量，人们提议建造公共调度中心，有点像过去火车站货运量大的时期所采取的措施。卡车可以同时为多个客户服务，司机们轮流

---

[1] 参见魁北克电视台2012年11月27日的法语节目 *Le Code Chastenay* 和拉瓦尔大学贝努瓦·蒙特勒尔教授的主页benoit.montreuil@cirrelt.ulaval.ca.

驾驶，从而加快运输。为什么不考虑建立卡车专用道路呢？火车都有专用轨道。

从长远来看，还需要注意燃料电池的发展。这项技术在货运业的巨大优势是氢载体，它对城市的污染为零。

最后一种解决方案反映了提倡生活从简者的心声：减少消费。但如何减少？第一个解决方案：购买当地产品，食用有机食品。多好的想法！但事实上这又意味着什么呢？

5. 粮食主权

将我们与土地连接的链条被无限拉伸，直到看不到起点。海洋也是一样；在国内捕的鱼运到国外售卖，而在别处繁殖的海洋生物却到了我们的餐盘里。贸易的奇怪之处，是它使维生素和蛋白质流向世界各地。

我们已经忘记，100年前，人们就已懂得储藏、装罐和保存。我们还会一如既往，全年奢侈地消费来自世界各地的水果吗？什么时候才能有正确的地理概念，不再认为阿伯蒂比或加斯佩很远，而智利和南非却似乎近在身边？[1]

埃莱娜·雷蒙德的这篇文章对"就近生产"这一理念做了很好的宣传。通过购买当地产品来拉近农场和餐桌之间的距离，从而减少温室气体排放，这项原则值得肯定。魁北克饲养的牛会被运到多伦多屠宰，这中间的运输造成的浪费着实令人失望。菜篮

---

① 埃莱娜·雷蒙德，《世界风味还是当地风味？》，多元世界出版社，2009。

子里有来自中国的豌豆、中美洲的香蕉、秘鲁的芦笋、加利福尼亚的草莓、智利的蓝莓、新西兰的猕猴桃，这并不稀奇……

许多科研人员已经在研究这个问题，包括蒙特利尔经济研究所，它指出，购买当地产品是件很好的事，却并不能拯救地球。[1]它提出两种论据，质疑食品里程这一逻辑。第一种论据完全从经济角度出发，现代农业依靠专业化和交流。人们根据地理和气候特点，集中精力做自己最擅长的事情，这样可以提高生产率。所以，人们可以购买别处生产得更好的产品。

如果将购买本地产品的逻辑推论到底，则会走向自给自足论，这绝对不是一个解决方案。要明白这个观点，只需到地球上任何特别贫穷的国家去，就会发现，购买本地产品通常是当地居民日常活动的一部分。然而，生产率低下是贫穷和周期性饥荒的基本原因。

由于全球化和贸易开放，人类已经大幅度减少了世界饥荒，但这也间接意味着人们所需的产品大部分靠进口。印度居民平均支出仅为富裕国家人民的10%[2]，因为印度居民消费的大部分食物都是自给自足的。当然，汇率和生活方式可能会使数字出现偏差。但必须记住，人们越富裕，所消费的产品越昂贵多样，间接导致运输的货物越多。

另一种论据是本地消费会造成环境负担。如果关注温室气体，就会知道运输排放造成的污染并不是主要的。需要考虑食品的整个生命周期，投入、农业活动、储存、"包装"和运输，这将改变人们最初的印象。换句话说，需要考虑灰色能源及其影响。

---

① 阿莱恩·迪比克，《食品运输：一个神话？》，《新闻报》2010年2月17日。
② 《绿色杂货店》，《经济学人》2012年4月10日。

灰色能源是指产品从产出到消亡所耗费的全部能源。一个西方家庭所消耗的灰色能源可能超出直接能源如取暖、光照和燃料等方面的3倍。金属在高温下初加工时就需要消耗很多灰色能源。与近距离消耗的产品相比，长途运输的产品也需要更多的灰色能源，但运输并不是整个过程中最消耗能源的环节。

国内和国际运输通常使用铁路或船舶，这两种方式的能源消耗较小，有时比当地的农场、仓库、杂货店和家庭之间的运输影响还小。以屠宰场的牲畜养殖为例，牲畜从出生到成年之间这段时期会消耗许多资源和能源。鸡和牛的饲养情况很好地表明了这一点（表11）。这种养殖法的货运份额相对较低。

此外，在许多情况下，与进口食物相比，当地产品的灰色能源更多。很容易理解，由于供暖条件不同，魁北克大棚生产的水果和蔬菜没法跟美国南部生产的竞争。

表11　某些食物生命周期卡车运输能耗和温室气体排放的对比

	总量 （TJ/百万美元）	卡车 （%）	温室气体 （tCO$_2$/百万美元）
蔬菜和瓜类	12.6	2.3	1300
水果	13.4	1.8	1370
家禽和鸡蛋	19.3	4.9	2360
家畜	18.7	3.2	7750
鱼	18.1	0.8	1310

资料来源：http://www.eiolca.net.

丹尼尔·克雷蒂安指出，由于气候反常、全球竞争、大型连锁店要求严格、管理制度沉重而缺乏灵活性等原因，光依赖魁北克生产的食物是不现实的。魁北克的生产者和我们的餐盘之间，一路充满陷阱，有时是行不通的。[①]这就是丹尼尔的发现。

这次讨论的目的，是提醒我们事情有多复杂。食品里程的标准过于机械化和简单化，购买当地食品不应该受到质疑，因为这种行为可以支持当地农业发展，甚至可以增加邻近的农业生产。

环保人士告诉我们，如果我们不能改变全球化的趋势，那就让我们吃得更健康一些吧。多吃水果和蔬菜，少吃红肉有利于健康，同时也对环境有利。这是真的吗？

我们将水果、蔬菜、谷物生产与渔业和畜牧业（表11）做个对比就会发现，食物品质和货车运输能耗之间并没有直接关系。相反，表11表明，水果和蔬菜的运输消耗似乎更占优势。然而，该数字具有迷惑性，因为进口水果和蔬菜的价格通常比肉类价格还高。鱼肉的价格水平也可能引起误解，因为每公斤鱼肉的价格比碎肉牛排的价格还高。

法国国家农业研究所和国际农艺研发合作中心发表了一份关于可持续食品供应可能性的"战略思考"[②]，该报告认为，目前，减少食品碳排放，只需减少反刍类动物红肉的消费。研究人员声称："生产这类食品所排放的热量和温室气体最多。"在法国，畜牧业占农业温室气体排放的80%。

在2005年至2007年开展的一项食品消费的调查中，研究人员对法国人日常食物消费的耗碳量和对应的营养质量进行了分析。研究结果发现，人们通常以为，植物产品对环境有利，而动物产品对环境不利，这个观点需要重新考虑。因为，虽然牛肉生产对环境有负面影响，但其他肉类的生产对环境危害要小很多。

---

① 丹尼尔·克雷蒂安，《魁北克食品自给自足：一个伟大的错觉》，《新闻报》2010年4月1日。

② 克里斯汀·科尔科，《吃水果和蔬菜对健康有好处，而对地球没有益处》，《新闻报》2011年12月11日。

另外，为了弥补肉类的匮乏，人们会大量食用对环境"影响"较小的食物，例如酸奶、水果和蔬菜、淀粉性食物。所谓健康饮食，就是大量食用低耗能的食物。

作为市民，我们可以做些什么？想改变现状并不容易。为了减少能源消耗，我们需要付出更多的努力。以下一些节能建议供大家参考。

"就近生产"可能不是改善地球命运最好的口号，但值得参考。不仅应该在整体能源效率最佳的地方生产，同时也应该最大限度地降低生产对环境所造成的影响。这让我们再度审视金属加工问题，金属初次加工的能源消耗和对环境的污染都很大。中国已成为生产镁的主要国家，这个事实也再次证明人们缺乏全球性的判断。中国的工资水平较低，所以贝冈古工厂搬迁到了那里。但目前在中国生产镁所耗能量比全球平均水平多出3倍，因为那里的发电厂使用的是煤炭。

在其他可行方案中，对进口商品征收碳税也不失为一个解决方案，"即时消费"也应该征收额外的税额。还有网购，为什么无论采购什么产品，都想以最快的速度到货呢？

"我们还会长期享受奢侈的生活吗……"埃莱娜·雷蒙德这句话使我们注意到另一个领域。如何解释人类历史上这突如其来的富足呢？实际上，石油用其质量和低价造就了当今文明，但同时也带来了软肋和浪费。能源涨价是降低消费的最佳途径，新的能源危机也许才是真正的解决方案。

首先，"就近生产"是一个理想，仅仅指食品这一个行业。然而，对能源生产领域而言，它有着真正的影响。就近生产能降低运输过程中的能源损耗，也减少运输所造成的环境污染，天然气、石油以及可再生能源皆是如此。

具有讽刺意义的是，明明是为了节省运输途中的能源损耗，人们却仍不惜代价在离销售地几千公里外的地方生产产品。这是下一节的主题了。

6. 理智消费

国内生产总值曾经是衡量社会状态的唯一标准。然而近几十年来，多种指数用以弥补这个唯一指标的不足。人类发展指数（IDH）、实际进步指数（IPV）以及人均温室气体排放量是几个典型指标，这些指数都可以让人们更准确地判断人类的行为。通常来说，这些指数越高，能源消耗越大。

理性消费指数（IDR）是一个尝试描述消费社会的新名词。每年11月，《自我保护》杂志①都会按年龄和性别对魁北克的理性消费指数进行对比。2012年，人们注意到以下情况：魁北克消费不及安大略理性，女性消费比男性更理性，年轻人消费不及中年人理性。

这有用吗？我们在使用过程中看吧！这个指数存在的一个主要问题是，该数据会根据被咨询人员的观点而变化。有时不同类别的调查对象交叉会造成调查误差。之前所有的指数都显示，安大略人均消费比魁北克高，而理性消费指数却得出相反的结果。找找错误吧！

①参考http://www.protegez-vous.ca和消费责任研究所（ESG-UQAM魁北克大学蒙特利尔分校，谢尔布鲁克大学）。

四、行动的第三个理由：能源

1. 充满正能量的卡尔加里

　　加拿大和澳大利亚的城市经常名列宜居城市排行榜，其中加拿大的卡尔加里总是名列前茅。例如，2011年，卡尔加里被评为世界上最干净的城市。在《经济学人》宜居城市排行榜中，卡尔加里名列第五。

　　在加拿大，卡尔加里虽然得到很多市政府的羡慕，但它还是不能与温哥华、多伦多或蒙特利尔相提并论。卡尔加里的公共交通网络并不十分发达，主要是公交车和轻轨系统，人们希望将轻轨延长到偏远郊区。

　　对于来自世界各地的游客而言，卡尔加里本身并不是吸引他们到此的主要原因，而是因为它是通往东部落基山脉的门户。驾车可从卡尔加里到达附近的班夫、路易斯湖、南部落基山公园、恐龙博物馆、竞技体育场以及许多其他景点。卡尔加里的文化服务、餐饮和娱乐等设施可能会令常周游世界的游客失望。步行街虽然不大，但还算有趣。在前往真正的景点前，游客可以轻松地在卡尔加里度过一晚。

　　卡尔加里名列宜居城市排行榜，并不是因为城市的美丽或是市中心的生活惬意，而是由于它符合城市富裕繁华的一些标准。

随着时间的推移，卡尔加里获得了另一项美誉，却并不值得羡慕。这与我们刚才所述的最后一点相关：卡尔加里繁华的首要原因在于石油、天然气和煤炭等矿石燃料的生产。自2006年史蒂芬·哈珀在联邦政府上台执政以来，艾伯塔省，即卡尔加里所在省份，已成为世界环境极端保守主义的象征。几年来，环保组织，主要是加拿大和美国的环保组织，声讨对沥青砂的开采，将艾伯塔省的油定性为"脏油"。

这些环保组织的努力取得了一些成果，迫使艾伯塔省执行其环境和社会政策。环保主义者已经赢得了许多战斗，最重要的是阻止2011年XL梯形管道的建设，该管道原本将经过达科他州直到得克萨斯州。

史蒂芬·哈珀也受到了牵连，这位生长在艾伯塔省的加拿大总理被上述情况激怒之后反驳道，他的目标是在另一个市场上出售加拿大石油，或许是中国市场。当然，计划并没那么容易实现，因为艾伯塔省是内陆省份。通往南部或太平洋的管道生产或建设如有任何延误，都会降低投资盈利。XL梯形管道项目推迟了，而通往太平洋的管道项目也没有任何盈利。2012年1月10日，专家分析了不少于4300篇相关论文，对到基蒂马特的北通道项目进行了环境评估，该省的两个主要政党也要求复审接通管道的费用，这使加拿大联邦自成立以来第一次受到质疑。

这是媒体多年来津津乐道的话题。

这并非联邦政府第一次为开发沥青砂辩护。有人指出，这一行业将创造数十万个就业机会，并且有人重申，由于传统能源将会减少，沥青砂将成为人类"重要"的"基本"能源，因为艾伯塔省的沥青砂储量与沙特阿拉伯储量相等。

反对者并不认同这种说法，"没有人反对经济发展，人们希望的是绿色发展，不使用沥青砂和脏油"，环保人士异口同声地说。

不存在"石油必需品"这个概念，因为人类可以用可再生能源代替它。

作为回应，官方发动了一场改变沥青砂形象的运动，首先，解释和美化沥青砂的开发步骤，之后又将卡尔加里和艾伯塔省作为现今社会的典范大力推广。在官方的努力宣传下，卡尔加里因其优质的生活和洁净的环境成为世界上最好的城市。卡尔加里的市长成了加拿大最受欢迎的市长。省政府领导是位女性，这是加拿大第二次有女性作为省政府领导。卡尔加里和艾伯塔省管理有方，可以说，艾伯塔省在环境治理方面意识超前。

埃兹拉·勒旺在《道德石油》[①]一书中为矿石燃料做了辩护。保守党迅速反击：多么冠冕堂皇的口号，干脆做一个"道德石油"的广告，反对北美生态学家所说的脏油。加拿大的石油比那些人权受到威胁的国家的石油要道德许多。加拿大和美国曾抵制从一些价值观不一致的国家进口石油，然而这方面的话题已逐渐被忽视。作为最重要的原材料之一，石油在全球范围内定价，没有加拿大的参与，世界石油消耗也将继续为那些有争议的独裁者带来利润。

显然，这篇略微牵强附会的文章激起了世人的公愤。加拿大电视台所发布的消息使加拿大和沙特阿拉伯的关系变得非常紧张。起因在于加拿大社会发表了关于道德石油的言论，宣称购买沙特的石油就意味着支持沙特不尊重女性人权的行为，此举引起沙特阿拉伯的公愤，他们要求加拿大道歉。

环保主义者趁机列举了很多沥青砂业对环境和当地居民造成灾难的事例，特别指出，联邦政府没有尽到责任。2011年12月，

---

① 埃兹拉·勒旺，《加拿大油砂案》，《道德石油》，麦克莱兰和斯图尔特有限公司，2010。

加拿大退出《京都议定书》，向世界各地传达了一个消极信息：
人类应对气候变化的能力有问题。

必须承认，不遵守《京都议定书》的国家不是只有加拿大一
国，还有澳大利亚——另一个占据宜居城市排行榜的国家。澳大
利亚和加拿大一样顽固不化，无视稳定温室气体排放的规定。

奇怪的是，当有人指责加拿大和澳大利亚为了自己的利益而
不顾人类环境和其他国家的利益时，那些深信宜居城市排行榜的
人为什么无动于衷呢？

让我们再次回到道德石油这个问题上。虽然埃兹拉·勒旺在
书中想为艾伯塔省的石油辩护，但是他的主要论据没有说服力。
道德伦理指向的是实践道德价值的个体行为，从沥青砂中提取石
油跟用国外的蔬菜和香料烹制周日午餐一样不道德。在这方面，
应该根据有关国家和公司的实际情况，出台一本全球产品详细指
南以供参考。

然而，这位艾伯塔记者的书使我们产生了其他方面的顾虑，
它与目前环境问题的争论焦点密切相关。问题的关键不再是比较
沥青油和普通油哪个更危害环境，而是要意识到当今石油的过度
使用对环境的危害越来越大，这是人类不可回避的残酷事实。从
长远来看，艾伯塔石油可能不会比来自深海钻探或更难开采的页
岩的新石油更有害环境。这也许是对艾伯塔石油行业捍卫者的一
种安慰。

无论人们是否支持沥青砂的开发，这种讨论都应使我们认识
到，20世纪新油田的投产方式已成过去式。在行业发展中，消极
观点通常比衡量是否推进计划的所有标准影响更大。例如沥青砂
的陆地运输问题，当多个"裁判"牵涉其中时，问题的积累绝不
是一朝一夕形成的。

2. 石油开采何时达到极限？

　　沙特阿拉伯前石油部部长斯凯特·亚马尼（1973）曾说道："石器时代的终结并非因为石料短缺，同样，石油时代的结束也不会是因为石油短缺。"并不是石油短缺导致人类社会走到尽头，相反，是人类将耗尽石油。

　　关于石油伦理问题的讨论，使我们开始思考一个基本问题：我们需要这些"脏"油吗？沥青砂和深海石油的支持者告诉我们，答案是肯定的。传统石油开采达到了极限，需要寻找新的石油来代替传统石油，可它们的潜力有多大呢？人们脑海中浮现出一个永恒的问题：石油开采何时达到极限？

　　难道人类还要像20世纪那样依靠油砂①生存吗？可能性越来越小。自2003年以来，石油价格的波动与石油市场的无序有关。21世纪与以前大不相同，石油消费的操盘手更多了。西方不再是支配石油需求的唯一势力。中国、印度和巴西等国会动摇西方大国长期以来对石油市场的支配地位。

　　供求之间的关系也由于其他原因更加紧张。沙特阿拉伯不再有足够的余地来调节需求高峰。无论生产国产量多少，石油市场都会出现冲突。2011年，利比亚石油日产量为160万桶。

　　尽管油价可能出现短暂的稳定时期，但也是趋于居高不下的状态。人们可能会如此解释：根据供求曲线，供应难以满足需

---

① 为了更好地了解石油工业的历史，推荐阅读加埃唐·拉弗朗斯的《没有石油——人类是否还能生存？》的相应章节。

求，价格应该会更高。但令人难以置信的价格波动又如何解释？

人们至少可以说，石油价格的变化比股票市场更具逻辑性。未来某一天，专家们会告诉您石油价格突增的原因；第二天，专家会根据油价波动的新情况给您另一种解释。一般情况下，专家会提醒您注意供需的规律，但没有人能够解释为什么石油价格会突然增长10%，却迟迟难以回到正常价格。

一丝不苟的分析员们早已放弃解释油价短期浮动的原因了，这些变动就像是布朗运动，好似毫无规律。然而从长远来看，价格变化符合一定的市场规律。为了更好地理解这种情况，我们必须将问题分为三部分：生产、提炼和消费。

石油生产峰值

长期以来，人们一直在讨论石油生产峰值发生的时间。持悲观主义态度的通常是地质学家，他们曾预测2010年前会出现石油峰值。持乐观主义态度的大多是经济学家，他们的观点恰恰相反。只要存在需求，石油工业总会扩大生产，况且石油资源并不缺乏。

终极石油资源储量还有很多，这点是共识的。探明的石油储量水平保持稳定。按照目前的消费速度，石油探明储量可以使用43年，天然气60年。

随着探明储量不断更新，国际预测机构国际能源署对石油生产的持续增长非常乐观。但在过去十年中，它曾多次下调其预测的石油产量，例如，2006年，它预测2030年石油日产量为1170万桶；2010年，它又将此预测降低为1000万桶。2012年，尽管世界石油储量有所增加，且美国有可能成为世界上最大的页岩油生产国，它却提出石油日产量不得超过910万桶的干预政策。

研究新油田开发时，不要对产量增加过于乐观。石油产量增加主要有以下来源：

1.常规石油：石油输出国组织，尤其是沙特和伊拉克的石油产量的增加。

2.非常规石油：巴西、哈萨克斯坦、加拿大和美国的深海石油、沥青砂油和页岩油增加。

各方面都认为传统的石油产量正在下降。作为弥补，需要开发非常规石油。不过，墨西哥湾一家英国石油公司的漏油事故和艾伯塔省沥青砂工业所遇到的困难表明，新油田开发的前景与风险共存。

洛克菲勒和梅杰斯的时代已经过去。由于种种原因，目前新油田的投产一再延误。由于供不应求，石油价格居高不下。经合组织注意到，在这种情况下，消费者通常会权衡利弊后做出反应。国际能源署认为，在21世纪的第一个十年（日本在1995年左右），石油消费已经达到高峰。

本章未就乐观派和悲观派的想法进行一一讨论，只就石油峰值问题提供了一些简单的看法。其实，只需观察世界石油消费的时间曲线图，并进行简单的数学演算就足够了。在此时间曲线图中，石油消费趋于稳定在每天9000万桶。当然，这也不能一概而论。在一段时期内，世界产量可能更高，但是整体而言，在2020年之后的十年内，世界产量将会达到一个定量。

生产和提炼之间的紧张关系加剧

炼油技术的改进是石油公司保证石油供应稳定的另一个指标。壳牌集团意识到魁北克的石油需求将在未来十年内下降，于是关闭了它在蒙特利尔的炼油厂。和壳牌情况一样的几家公司也陆续在世界其他地区关闭了各自的炼油厂。国际能源署预测，2030年，美国将实现石油的自给自足。这一变化的主要原因并非页岩油的增产，而是得益于车辆运输节能所取得的成功。汽车总量的运输效率确实提高了，并将因为环保政策的支持继续提高。因此，西方国家的炼油产能也得重新调整。

成品油需求量趋于稳定甚至有减少趋势，炼油能力和原油产量之间的矛盾也正在缩小。因而，我们更容易理解，供应量的一点点紊乱，都会造成成品油的供求不平衡和油价波动。

还有两个既成事实：一是石油峰值将快速到来；二是石油价格将保持在高水平，并随着投机者的变化无常而突然波动。在此背景下，世界将不得不倡导提高能源效率，尤其是提高交通能源效率，也需倡导使用其他形式的能源，包括可再生能源。显然，城市应该首先树立榜样，因为它们是能源，尤其是燃料的主要消费者。

然而，城市准备做哪些努力来降低对普通能源和石油能源的消耗呢？城市做好参与其中的准备了吗？让我们先从区别"脏能源"和"干净能源"开始吧！

理想的能源存在吗？

说服世人沥青砂是理想的能源，这是一项不可能完成的使命。在艾伯塔省，该行业处于严密监督之下，从未获得过好评。无论技术取得何种进步，人们总希望能使用对土壤和地下水影响为零的能源。例如，为了减少排放，包括总理哈珀在内的一些参与者已经考虑建立一个核电站，以满足从砂中提炼石油所需的热能。这种想法并不荒唐，且已经取得了几方面的成功：（1）节省天然气这种不可再生能源；（2）开发萨斯喀彻温省的铀；（3）这一举措可重新启动已经废弃几十年的加拿大核工业。

继日本福岛核电站反应堆发生泄漏之后，这个想法很快遭到嘲笑。此次事件让反对者有了新的把柄，因为他们认为核能和石油都是毒性大、污染大且危险的能源，惊讶于加拿大能源行业竟然提出利用核能来开发沥青砂。仅仅有此想法就已经大逆不道了。

核能与石油被列为肮脏能源之首。然而，事实并非如此。如果我们检查每种能源对环境和社会的影响，煤炭绝对排在污染物排放量和致死率的榜首。然而，煤炭将继续稳步发展，不会有太多的政治决策参与其中，抑制其发展。例如，美国过多地贬低核能和沥青砂，因为在美国的能源使用中，这些能源的份额比煤炭小得多。即使是支持环保的民主党，也不会延缓煤炭行业在美国的发展。至少近50年来，煤炭发电仍然将占整个市场份额的50%到60%。

显然，经济集团和国家一定调整过脏能源的这种排名。核能在欧洲一些国家，尤其是在德国遭受强烈的抵制，而法国仍继续优先发展该领域。相反，整个欧洲都在声讨煤炭、沥青砂和页岩气的使用，并没有多大效果。目前欧洲的能源使用策略，一方面是减少直至不再使用煤炭，另一方面却尽量保证来自北非、俄罗斯和中东等地区的石油和天然气供应。装出有道德的样子是很容易的。

在亚洲，煤炭和核能使用继续增长，人们很少关心矿石燃料的来源。例如，在中国，不会有人因为决定购买艾伯塔省的石油而被撕破衣领。

首先，我们可以基本肯定，西方国家更倾向于使用传统能源，所以乙醇和其他有机染料很快被列入能源黑名单。以玉米转化乙醇能源为例，可以推论出其他有机能源的使用也会带来灾难性的后果。但生物能源被划为恶魔能源之列，是因为西方国家认为，使用它会激化世界某些地区的饥饿问题。他们通过计算发现，农业用地正大规模地种植玉米、大豆、甘蔗或其他适合转化成有机能源的农作物，因此认为农民将受到剥削，农产品将变得稀罕。

巴西人的一些传统观点蒙蔽了大多数人。得益于巴西甘蔗品种的专项研究计划和汽车行业对使用乙醇的支持，巴西的乙醇利用率比其他地区更高，这使巴西不仅成为世界上最大的乙醇出口国，也成为世界的粮仓。此外，巴西人对发达国家的环保学家发出的不准接近亚马孙的最后通牒视而不见。此外，通过研发项目，巴西的农业开发与森林保护目前发展很和谐，巴西还期待深海石油开采深度打破纪录。我们打赌，巴西人将再次证明灾难预言者的错误。

结果是，巴西生产的能源45%是可再生能源，而经合组织国家可再生能源的使用率平均为6%。到底谁该向谁学习？

天然气工业在2000年还不是环保组织的反对对象。但本世纪初的十年间，天然气运输港口激增，页岩气的大量涌入，逐渐改变了人们的看法。在短短几年内，曾被称为最清洁的矿石燃料的天然气也成了非环保能源。现在，人们开始拿页岩气和沥青砂做比较。当然，这个观点被过分夸大的主要原因有两个，一是与沥青砂相比，在能源需求与对土壤和地下水的影响方面，页岩气对环境造成的危害较小；二是在燃烧过程中，天然气比其他能源有效。

而且，人们表达不满的方式也不一样，例如不列颠哥伦比亚省和宾夕法尼亚州的人就与魁北克人和法国人有所区别。在法国和魁北克，人们在一个月之内就决定了页岩气在本国的命运。

可如果所有的矿石燃料都被视为肮脏能源，可再生能源又会被如何看待呢？如果能源的使用缩小到家庭范围，或许除了太阳能外，没有任何可再生能源能逃脱"禁止踏入我家后院"的命运。我们都知道水力发电的命运，西欧和美国的传统思想势力一直不承认水力发电是绿色能源。他们这样做很容易，因为在那些国家水力发电没有前景。

生物能在欧洲也名誉扫地。2011年，绿色和平组织认为生物能对环境的负面影响大于其积极影响，因此决定不再支持使用生物能。

人们对风能的热情也大不如前。随着欧洲和美国投资大型交通线路，运输风能到能源消费中心的热情有可能高涨。这将是一场真正的视觉革命，因为居住在传输线路附近的居民绝对不会爱上这些安装设备的。该问题再次涉及中国，因为目前中国西北地区正利用电网传输对风能进行大开发。在这个领域，创新也是方程式的一部分。例如，人们目前在建设容量极强的直流电线路，这种创新类似20世纪60年代魁北克开发的735千伏的线路。

总之，在各种环保舆论的负面评价下，无论是可再生能源还是不可再生能源，都不能逃脱被批判的命运。

根据对环境的影响来对能源进行分类，还有一种比较客观的办法，那就是看它的生命周期。毋庸置疑，在对环境最有害的能源中，煤炭和重油名列榜首，生物能的评价也不是很高。相反，与人们想的一样，核能还是比较理想的能源。通常，可再生能源排名不错，但目前还没有任何一种能源是完美的。显然，该排名并未考虑"禁止踏入我家后院"的心态。

人们可以从中吸取什么教训？无论是在供应还是需求方面，都不再有人怀疑中国和巴西以及其他新兴国家正在进行能源改革，这些国家并不担心同时面临所有的问题。中国通过实施更加清洁的煤炭生产工序，使用电动引擎，努力改善其空气质量，甚至将很快成为世界可再生能源的领头者。许多科学家预测，中国将在热核聚变方面有大的作为。巴西也在能源生产领域，尤其在生物能源燃料生产方面取得了成就。

总之，这些国家都在努力提高自己在能源研发方面的能力，以打破廉价石油结束之后的能源僵局。"肮脏能源"的界定根据大陆的不同而不同，"道德能源"的界定也同样。

墨守成规的标志？

詹姆斯湾这个项目如今还有可能启动吗？为什么在20世纪六七十年代鼓励自然资源开发，现在却对此争议不休？比如美国已经不像20世纪70年代那样鼓励发展高速列车，不列颠哥伦比亚省的输油管道建设现在也基本难以实现了。

其原因为何？不易回答，但很多人都会想到一个假设：能源领域容易引起社会的争议。在民主化程度越来越高的今天，能源部门基本的长期规划也越来越步履维艰。这种现象甚至蔓延到了资源的各个方面。

专家也不敢再表态，政治家也希望可以明哲保身，工业发展如履薄冰。2011年年底，加拿大科技博物馆管理部门决定撤下矿用卡车使用的超大型轮胎。大货车也退出了历史舞台。在石油工业的要求下，下面这类生硬的图片由于宣传的是沥青砂开采的负面形象，也被人从展览中撤走。工业自己放弃了超大型轮胎的使用，这正合博物馆管理部门的心愿。

这类照片因为煞风景而被加拿大科技博物馆从展览中撤走了，成了我们永远看不见的衬裙①

也许不完全是这样。真正的勇士，机械爱好者，那些喜欢看看事情将如何运作的人，难道会就此放弃吗？"新民主"的大方向是拒绝化石燃料的使用吗？可再生能源有哪些？市民又需要做哪些努力去推动可再生能源的使用呢？

城市可再生能源

冗长的讨论无济于事，由于取暖和工业往往使用重质燃料，所以能源的生产在城市非常不受欢迎。城市的各种规章制度也把它们推得远远的。这可以理解，如气候变化那一章所指出的那样，当局最关心的是如何减少污染，而能源的生产便是污染的罪

① 埃莱娜·巴泽蒂，《油砂：博物馆组织石油公司宣讲》，《责任报》2011年12月20日。

魁祸首。

比起重油燃料和煤炭，人们更愿意使用天然气。但要注意，天然气的开发地最好不要离住所太近，尤其是页岩气的开发，核能也是一样。20世纪六七十年代，所有参与者都认为核电有巨大的优势：靠近能源使用地可以降低运输和配电成本。但40年后，又有谁愿意核电站设在自己家周围？就连发展核电历史最悠久的日本也已经打算不再继续发展核能了。

在离家近的地方，我们希望没有煤炭、重油燃料、核能、天然气或石油。但可再生能源都有哪些？

30多年来，世界可再生能源的使用一直停滞在初始能源使用量的13%左右。为打破僵局，联合国宣布2012年为世界可持续能源年，并提出到2030年，可再生能源的使用比例要提高一倍。面对如此雄心勃勃的目标，城市应该做些什么呢？

我们接下来将根据能源的受欢迎程度逐一进行分析。

城市水电

水利工程自古就和城市发展息息相关。在古代，人们用大坝调节水量。由封建领主掌控的水磨促进了工业和市镇的发展。20世纪上半叶，在沙威尼根和容基耶尔地区，水电大坝推动了乡村的发展，但现在一切都变了。

20多年来，水电工程离城市越近就越容易被人们妖魔化。一般情况下，仅需一个理由便可以搁浅一个水电工程。例如魁北克省南部的黎塞留河，人们认为老水坝的重建会威胁到河里鱼类的生存。对其他河流而言，鲑鱼保护、旅游潜力或社会影响等任何一个词语都足以禁止人们改造这些河流。

25年来，魁北克水电公司取消了计划中相当于15000兆瓦的发电计划，而这些计划被认为是既不污染环境又能带来经济收益的项目。阿希佩尔项目就是这样，它旨在保护河流的前提下开发圣路易湖和拉欣急流（1981）。2005年，有人再次提议将水电项目压缩至原先的规模（即从1000兆瓦时缩减至375兆瓦时），魁北克电力公司回应说，这并不在优先考虑范围内，换句话说：算了吧！

这是一个新的讣告栏。三位生物学家的报告和一份护河人的最后通牒一周内说服了政府停止所有水力发电建设。然而，就在近期，魁北克水电公司的前雇员发现了魁北克地区有近3000到5000兆瓦的水电潜力。[1]

在1996年到2003年之间，众多小型水电站的建设使魁北克两个主要政党陷入困境。2013年1月，魁北克执政党终止了最后四个小型水电站项目，在村庄和城市边缘开发水能的提议从此被彻底否决。

圣　水

水电改变了河流和溪流的水路，这是问题所在，也是人们不停地控诉这个行业的原因。环保主义者甚至不希望人们与水走得太近。然而，大多数水利工程都会对水源产生影响。正如害怕含水层被污染一样，人们也担心河流的路径被改变。

这点与页岩气或者安迪科斯岛的页岩油开采不同，深层地热能源一定程度上也依靠水力开采，这样利用水力也会受到指责吗？

---

① 埃莱娜·巴尔拉，《另一个詹姆斯湾？》，《新闻报》2011年10月7日。

人们反对石油行业，主要因为其生产和运输可能对含水层和海洋造成不同程度的污染。英国石油公司在墨西哥湾的钻井平台发生爆炸，更坚定了人们反对圣劳伦斯湾老哈利项目的决心。

拉巴斯天然气运输港因位于远离内陆的莱维斯而引起强烈争议。北部一些主要的输气管道和不列颠哥伦比亚省的基蒂马特石油码头同样饱受争议。人们反对沥青砂开发的原因在于，一方面，开发过程耗水过多；另一方面，对地下水和墨累河有很大的污染风险。达科他州封锁了XL梯形管道，迫使开发商选择对地表水和地下水破坏风险低的开发方式。

日本核事故使人们重新质疑在海边建核电站。反应堆冷却需要大量的水，难道要在河流或湖泊附近建核电站吗？

干燥性质的能源并不多，风能发电和太阳能光伏算是这种类型的能源。环保人士也许会赞同这种发电方式。

城市里采用风力发电？

目前风力发电技术相对成熟，该技术可以降低国家对矿石燃料的依赖性，属于全球战略的一部分。此外，该行业一直以来努力降低成本，有机构预测，在未来20年或25年内，风力发电的市场份额将增加3倍。

风能发电可以在城市开展吗？可行性不大，因为一个2兆瓦标准的风力发电机组高度至少100米，为了提高风力和增大受风面积，机组往往越建越高，越建越大。风力发动机最大的缺陷在于它的可见性，非常不美观，从远处望去也非常显眼。即使在农村，人们也不愿意建立这样的设备。加斯佩的圣吕斯滨海就有这样的风力发电机组。试问这样的设备如何建在城市里？

建筑物屋顶的小型风力涡轮机也可以用来发电，但作用微不足道。

大型产业园内的太阳能光伏

那些建造大型太阳能开发产业园的人还不能被称为"绿色科技的嬉皮士"，而得克萨斯州的右派退役海军克里斯蒂安·雷蒙德却算得上。[1]2012年，他负责在亚利桑那州建设一个大型太阳能项目，占地1750英亩，电容为290兆瓦，亚利桑那州、内华达州和加利福尼亚州的这类项目都是为了帮助加州实现一个目标：到2020年，可再生能源发电量占总量的33%。

2012年年初，一家名为"第一太阳能"的公司已经有一些超过2700兆瓦的项目，并企图成为世界上最大的太阳能蓄电池板安装商，换句话说，环境保护者推崇的以小为美的田园式生活，每个家庭拥有自己的太阳能系统，能源自给自足的梦想成了一个乌托邦。未来，太阳能光伏和其他太阳能发电设备首先需要有足够的场地，其中有三个影响因素：规模经济、资金筹措和价格保障计划的随机风险。

例如在安大略省，超过500兆瓦、有价格担保的项目中，有76个已签订合同，除了一个屋顶项目，其余都是地面安装项目，这证明太阳能发电设备首先需要大型场地才能保证设备的安装。

这就是说，太阳能光伏发电在消费群体中还有些许潜力，但盈利难以保证，没有理由支付比本地电网提供的平均价格高出8倍的价钱，2011年安大略省的情况就是如此。最糟糕的是，对电

---

① 《太阳能：一场痛苦的日食》，《经济学人》2012年6月8日。

力生产者而言，安装这些传感器令人头疼：消费者在非高峰期中以高价出售多余能量，但在高峰时期以相当低的价格购买能源。

　　一个同事开玩笑地告诉我，"安大略省提供的价格为80美分每千瓦时，人们可以自己安装一个小型发电装置，并在高峰期将多余电力高价出售给城市电力供应部门。"

太阳热能

　　1970年到1980年间，用主动式太阳能系统供应热水和暖气风行一时。此后，由于功能维护和逐渐退化等原因，其受欢迎程度有所下降。其他热源的价格下跌，也使该能源方式变得更加难以吸引消费者。因此，为了提高竞争力，太阳能方面的研究开始加强——简化系统，降低成本，保持长期稳定的发展，目前主要发展可安装在建筑物屋顶的小型自主太阳能系统。

土耳其的太阳能电板

加埃唐·拉弗朗斯／图

太阳热能对城市以外的地区影响更大。

首先，太阳热能主要用于提供热水。我们近期访问中国和土耳其时，发现很多建筑物的屋顶都安装了由水箱和高性能传感器组成的太阳能自动系统。然而从外观来看，这些设备与周围显得格格不入。

通过一个复杂的反射镜系统，太阳光线可以使系统中心产生高温，热能被利用来制造强大的上升气流，驱动涡轮发电机发电。这个想法并不新鲜，20世纪70年代末，法国南部已建立这样的发电站。西班牙发明了一种更为先进的新技术，可在太阳光线最强的时候为夜晚储存一些能源。

城市中的被动式太阳能系统

被动式太阳能系统拥有很多优点，但并未得到所有城市的青睐。这是城市的又一个矛盾。

此外，被动式太阳能系统还可以供给热能，但这种类型的房屋目前并没有普及，因而要留心那些具有误导性的宣传广告。房地产销售员常常利用被动式太阳能房屋的概念向人们推销这种可以能源自给的房屋。然而，这类房屋的第一个局限在于房子必须朝南，这就意味着街道的方向也得相应调整；第二个局限在于这些被动式太阳能房屋只能用于新建住宅。已有的房屋，除非肯投入巨资，否则无法安装这类设备，那些古老的公寓楼或住宅更不可能安装……

在城市中，被动式太阳能系统可以用于新建筑物。例如，康考迪亚大学的很多建筑都安装了被动式太阳能设备：太阳能墙、相变板、南向窗等等。高级技术学院的研究人员也给建筑安装了被动式太阳能设施。[1]但是，必须意识到，城市建筑和住宅所用的被动式太阳能是非常有限的。

这并不意味着在市政规划中要放弃被动式太阳能系统的应用。到现在为止，人们对被动式太阳能的研究，主要是为了减少地区的热能使用。实际上，使用太阳能带来的负面影响才是需要注意的。

例如，玫瑰山街区要求建筑物的屋顶应该是平的，且是白色的，这有助于在暖期吸收更多的光线。[2]

建筑施工或装修期间，窗户上的反射涂层和电致变色技术是必不可少的技术。

但是，为了达到更好的效果，阳光充沛的地区也应该学习北方地区采用的御寒措施。例如，温暖的南方可以像北方一样安装更为严密和厚实的窗户。

为了减少城市高温点，市政府必须实行其他几项措施。造成高温的主要原因有三个：太阳辐射强、电气设备的热损耗、内燃机的热损耗。为了减少这些因素的负面影响，必须避免某些地区交通拥挤。怎么办？禁止建立新工厂或新医院。想一想，蒙特利尔大学医院新址满足这一选址标准吗？

在其他规划中，最有成效的是增加绿地面积。但在现有的环境下，特别是人口密度大的地区，增加绿地面积很是难实现的。

总之，将被动式太阳能纳入市政规划是有利的。不过，首要目标并非节约能源或替代矿石燃料，而是提高市民的舒适度。

---

[1] http://www.t3e.info.

[2] 想法还可以更大胆。一名秘鲁工程师决定把安第斯山脉涂成白色，以应对冰川融化。秘鲁的工程队将在海拔5000米处作业，涂料由水、沙子和石灰组成，结果，漆成白色的岩石比黑色岩石要低16℃（《新闻报》2012年1月30日）。

地热能的幻想

魁北克省因缺乏对地热的关注而时常遭受外界批评。与其他省份相比，魁北克的地热发展迟缓。然而，魁北克水电公司有地热系统安装补助计划，为什么大家迟迟不采用地热技术呢？首先因为安装费用。在做家庭费用估算的时候，我们惊奇地发现，安装地热系统的成本至少比传统的热泵高出两倍，根据2011年的数据，在这种情况下，必须多支付至少25000美元的费用。

简单的计算表明，地热投资从未达到投资回报率。地热系统要想不亏损，必须安装在豪华住宅区的大面积住房里。根据2011年的工程，这些房子的居住面积比安装标准电气系统的单户住宅居住面积大50％，它们往往是新建的，换句话说，地热系统是供给住在郊区的富人使用的。普通消费者对地热的使用并不是很感兴趣，更倾向于使用传统的热力系统，所以，一般情况下，带有地热系统的普通住房或者复式住房都没有什么人买。

不过，对商业综合体而言，地热能可能更好些。

生物质

在寒冷地区，木材、森林残积物和木浆生产过程中回收的液体是生物质的主要来源。例如，在魁北克，森林生物质能约占魁北克总能量的7.4％[①]，其中三分之一用于畜牧业，三分之二用于工业。

我们发现，在美国，从中长期考虑，人们希望工业能提高生物质的使用量。城市是制约生物质使用的重要因素，像新加坡和

---

① 从历史上看，更可能是10％，在这里，数据下降的原因在于造纸工业规模的缩小。

香港这类经济发达地区，人们是不愿意使用生物质做燃料的，蒙特利尔也有禁止安装柴炉或者传统壁炉的市政法规。魁北克人均森林面积在世界上首屈一指也说明了这一点。

在经济落后的国家，生物质燃料有点类似煤炭，是一种基本保障。如果主要能源突然变动或能源匮乏加剧，生物质能源仍然是一个不错的选择。

国际社会认为，非商业生物质可能会逐步让位于"现代"生物质。政府间气候变化专门委员会在其不少文件中都宣布，到2030年，非商业生物质的使用将退出历史。这种观点过于乐观，因为忽略了在经济极度落后的地区，生物质燃料仍然是穷人最后的救命稻草。如果生活水平没有显著提升，使用传统生物质燃料的27亿人是不会改变自己的习惯的（表12）。

据预测，世界上经济落后的地区仍将长期使用生物质作为燃料，而发达地区的城市的生物质使用量会越来越少。

表12　未通电而用传统生态物质生火的人数（单位：百万人）

国家和地区	生物量	电力（农村）	电力（城市）
非洲	657	466	121
亚洲	1937	716	82
中国	423	8	0
印度	855	380	23
其他	659	328	59
拉美	85	27	4
全世界	2679	1209	207

资料来源：http://www.srren.ipcc-wg3.de/，2011年5月发表的报告。

城市里没有可再生能源的位置

上述关于城市和农村能源生产情况的论述表明，当代社会对能源开发包容度很低，甚至连可再生能源的开发和使用也遭到人们的反对。该如何解释这种情况呢？

作为结尾，我们想提供一些哲学性的思考。

城市的作用和新民主

关于能源分类和人们不希望在离家近的地方生产能源的讨论，把我们引向另一个更加值得思考的哲学问题：什么是新民主？

我们生活在一个民主选择越来越实时高效的时代。城市生活仅关心时事新闻和社交网络，没有远见卓识，公民参与被视为最高法律。

生活在城市里就如同生活在一个与世隔绝的虚拟空间，城市对经济和手工业的认识很肤浅，重工业和城市发展相互排斥。在经济发达的国家，即工业化国家，工业通常是推动城市发展的重要元素。但城市一旦成熟了，生活变得精致了，粗糙的工业便离开了城市。有时是工业为了迈向新的领域而离开城市，有时是城市驱逐了笨重、污染环境和嘈杂的工业。总之，工业不可能再回归城市。

城市迷恋商品和能源，但却不想在这些物资的生产上尽自己的力。

在工业化国家，80%以上的人居住在城市，四分之三的人在第三产业工作。农业、伐木业和材料粗加工都设在城市外围，有时设在离城市数千公里的地方。在大学里，五分之四的学生就读于社会科学或管理专业，其中，少数政治家或记者会选择一些难度高、含金量高的专业。理论和实践知识都具备的政客是稀缺的资源。

"每个发达的社会都沉浸在思想的虚拟世界里。学者、记者、艺术家、社会工作者等职业的思想深深地影响城市的发展，一个真正的社会阶层因此形成，其他阶层的思想却毫无影响力。总之，一万个普通管道工的言语比不上一个坐在谈判桌前的管道专家！"马里奥·罗伊在法新社的一篇社论里写道。[1]

总之，这些统治世界的思想家是不会轻易将王国拱手相让的，各行各业中沉默的大多数也不愿意投入一场没有胜算的战斗，要想在思想的虚拟世界中恢复话语权的平等绝非易事。不管人们喜欢与否，这个世界是由思想家和知识分子统治的，土地工作者、农民、工业家、应用科学工作者只能服从。

在这样的背景下，常理要能获胜反而不合常理。在这些混乱矛盾的观点中，夹杂着很多基本信息。一些行业仅仅因为报纸上的专栏文章就濒临破产，原因很简单，有太多的文章在批判某些行业。在魁北克，几个水电项目与页岩气开发的情况便是如此。不过在别的方面，比如智能电表，尽管多个团体反对仍然获得通过。

从整个大洲的层面来看，思想法可能有所不同，但也受当下民众情绪的约束。沥青砂的生产情况足以证明这点。当然，艾伯塔省将继续生产石油，但该行业的发展受到日益强大的团体的反对和制约。这真的是一个好消息？反对有时也是一种变相支持，因为石油的减产提高了油泵的价格，迫使企业的产出更加有效。

如果不希望这种情况得不到解决而持续恶化，那至少应该使

---

[1] 马里奥·罗伊，《词语专家》，《新闻报》2010年11月9日。

建筑和交通领域的能源消耗合理化，这也是城市最重要的职责。它已在许多方面取得成功，减少了空气污染，参与了对抗气候变暖的斗争。

城市发展存在着另一个问题，即消费和废物处理。换句话说，在教训别人之前，我们必须先以身作则。这将是下一节的主题。

五、行动的第四个理由：以身作则

前几章已经指出，城市在提高建筑和交通领域的能效方面起着至关重要的作用，目前它已在许多方面取得了成果，例如从气候变化的根源着手，城市采取了一些减少当地污染的措施，这甚至有助于减少国家对矿石燃料的依赖。

城市对工业的直接影响较小。在经济发达的国家，制造业和重工业只是城市发展需求的一部分，通常被建在城外。随着全球化发展，城市购买的产品往往来自遥远的国度，统计数据足以证明这一点。在全球范围内，工业生产所需能源占总能源消耗的50％左右（表10）。但在美国这样的国家，工业份额仅占34％。

由于产品多样和国际贸易程序复杂，很难知道一座城市究竟消费了多少工业品，对待这个问题的一个间接的方法，就是观察城市的"输出"。城市总是先购买商品，消费之后再抛弃废物。城市垃圾量是衡量一座城市工业品消费量的一个很好的指标，这也是当地居民的间接财富指数。因此，在发达国家，人均每天垃圾量约为1.4公斤，而在最贫穷的国家，人均每天垃圾量为0.6公斤。[1]

不同的国家对垃圾的定义和计算方法不同。例如，魁北克省

---

① 马莱娜·哈钦森，《隐患：人类过度消费对健康和环境的影响》，多元世界出版社，2012，第157页（2009年的数据）。

的城市垃圾包括45％的生活垃圾和55％的私企和建筑垃圾。但在国际比较中（表13），魁北克和加拿大通常仅计算生活垃圾。因此，对比不同国家的城市垃圾时要谨慎，根据2007年经济合作与发展组织的数据，我们可以得出以下结论：

—— 平均而言，欧洲国家和日本比北美消费量低。但不排除某些西方国家的消费量高于美国，例如丹麦。

—— 北美选择垃圾填埋处理，而欧洲和日本更倾向于垃圾焚烧处理。

表13 人均城市垃圾产量和处理方式百分比

国家	产量（千克/人/天）	回收（%）	堆肥（%）	焚烧（%）	其他（%）
德国	0.58	33	17	25	25
加拿大	0.78	27	12	–	61
中国	0.25	–	–	–	–
丹麦	0.67	26	15	54	5
美国	0.72	24	8	14	54
芬兰	0.47	30	0	10	60
法国	0.54	16	14	34	36
日本	0.38	17	–	74	9
挪威	0.47	34	15	25	26
瑞典	0.47	34	10	50	5

注：上表垃圾产生量为2010年数据，其中加拿大垃圾产生量为2008年数据。垃圾处理方式百分比则是2005年数据。
资料来源：经济合作与发展组织。

国家之间的对比表明，经济发达的国家尤其应该以身作则，首先减少人均垃圾量，其次要提高垃圾的回收利用率。

从历史上看，比起垃圾回收，发达国家更愿意填埋或焚烧垃圾。然而，时代在变化，在人口密度较低的加拿大或美国等国家，垃圾填埋的处理方式在逐渐减少，但传统的焚烧也遭到谴责，首先因为焚烧过程释放污染气体，也因为人们认为回收具有更高的经济和环保价值。

要了解垃圾回收利用的价值，必须分析固体废弃物和有机材料两类垃圾。

1. 固体废弃物

像数据所显示的那样（表14），美国和魁北克已经建立了一套完整的纸类回收系统。但由于电子业的发展，纸业变得越来越不重要了，所以要集中精力提高玻璃、金属和塑料的回收利用率。2011年魁北克省通过了一项新的垃圾管理政策，该政策将有助于魁北克比美国更进一步提高其垃圾回收利用率。

表14　2010年美国和魁北克省固体废弃物及回收率（％）

	美国废弃物比率	美国回收率	魁北克省废弃物比率	魁北克省回收率
纸和纸板	40.1	62.5	61.6	75
玻璃	6.5	27.1	14.5	53
金属	12.6	35.1	6.6	37
塑料	17.4	8.2	17.5	16
其他	23.4	3.8	—	—
平均	—	34.1	—	53

注：对魁北克省而言，这是生活垃圾。

资料来源：http://www.epa.gov, http://www.recyc-quebec.gov.qc.ca.

世界范围内的玻璃和金属回收利用率不高，而这些都是能源密度很高的产品。例如，与电解产品相比，回收利用1公斤铝可节省20倍的能源，因而，将铝填埋是荒谬的行为。

塑料的寿命长达几百年，令人忧虑。不过，现在包括加拿大在内的几个国家开始减少塑料包装的使用。此外，由于环境变化快，所有国家都建立了回收固体废物的新政策。至于有机废物的处理情况，目前还不够明朗。

2. 有机材料

2011年，魁北克有机材料回收占市政垃圾回收的58%，或者占包括工业和建筑废料在内的居民垃圾的41%。[1]马莱娜·哈钦森提醒我们，发达国家制造食物垃圾的速度是发展中国家的10倍以上。[2]废弃物通常来源于田间、存仓、搬运、运输、分销商、商店，当然，还有消费者。

在21世纪，浪费是一个真正的挑战，联合国报告显示，全世界损失或浪费粮食的比例为三分之一。[3]另一项全球性研究正在研究同一问题。[4]经研究人员证实，全球每年生产的40亿吨粮食

---

[1] 关于魁北克省废物管理的年度信息，请查阅网站http://www.recyc-quebec.gouv.qc.ca.

[2] 马莱娜·哈钦森，《隐患：人类过度消费对健康和环境的影响》，多元世界出版社，2012，第157页（2009年的数据）。

[3] 斯蒂芬妮·瓦莱，《垃圾桶里成吨的食物》，新闻社，2012年12月28日。

[4] 机械工程师学院，《全球食品，没有欲望就没有浪费》，2013年1月，http://www.imeche.org/environment.

中，浪费比率为30%到50%，而世界上还有8.6亿人营养不良。

造成这一浪费的罪魁祸首是粮食的重新分配缺乏组织性，但必须谴责人们的消费习惯和不断占有新鲜和多样化产品的欲望。首要挑战在于减少浪费，其次要尽可能多地回收利用我们生产的废弃物。

2010年，魁北克的市政绿化及食品垃圾的回收利用率仅为12%，填埋率为80%，焚烧率为8%。相反，如果加上市政污泥和工业有机残留物，回收率将为20%，这个数字虽然不尽如人意，但也堪称世界上最高的回收率了。

这些垃圾除了数量庞大令人担忧外，分解时产生的甲烷和温室气体也有很大危害。焚化与填埋一样，都不是处理垃圾的好方法，所以应该努力回收有机材料垃圾，包括绿色废弃物、食品废弃物以及城市污泥。

有三种可行方法：土地施播法、堆肥法和厌氧消化法。厌氧消化法并不是有机废物回收唯一的新方式。在马格达伦群岛，通过等离子体处理回收再利用所有废物，也是一种值得密切关注的新替代方案。

还应该提倡公民自发回收利用垃圾，优势在于免除回收过程中的运输环节。堆肥法，尤其是蚯蚓堆制处理技术，都是公民回收利用残羹的绝佳方案。

魁北克于2011年通过了残留材料管理政策，对垃圾回收信心满满。魁北克希望与2008年相比，2015年的残余废物量降低14%。人们希望回收利用70%的纸张、塑料、玻璃和金属。魁北克期望有机材料回收利用率，由2010年的20%提高至2015年的60%，其中包括生物气生产。稍后，我们再重新探讨该话题。

首要问题是如何提高有机材料或固体废弃物的回收利用率？答案很明确，不应该由市政府包办，市民也需要承担相应的责任。

如果城市对垃圾处理采取事不关己的态度，这个问题肯定难以解决，毕竟城市是主要责任承担者，乡村不会愿意为城市的垃圾负责。因此，必须找到其他方案，解决这一日益严重的问题，这是不可避免的。

但无论怎么处理，总会有人不满意，甚至心生怨气。

3. 废物管理

废物管理是城市可持续发展的关键问题。多伦多的垃圾回收系统精密且难理解。"在多伦多，我花了6个月才知道垃圾是如何分类的，"一位离开蒙特利尔两年的女性笑着说道，"我的名字？我不愿说。我担心自己还没有完全学会这里的垃圾分类，万一检查员知道了找上门来怎么办？"①检查员有那么可怕吗？

这位女士家的车道上有四个垃圾桶，一个特大蓝色垃圾桶用于可回收垃圾，另一个略小的绿色垃圾桶用于回收易腐烂的废物，还有一个传统的黑色的垃圾桶，容积有严格规定，超出的部分要缴纳税费，最后一个垃圾桶用于回收花园的有机废弃物。垃圾种类繁多，处理纸巾、树枝或酸奶容器等垃圾前，可能需要花几分钟思考应该扔到哪个垃圾桶里。

多伦多就是在这么严格的垃圾分类规定下变得越来越环保。2001年的垃圾危机事件迫使多伦多像许多大城市一样，彻底改变废弃物管理办法。2001年，多伦多很多垃圾填埋场陆续关闭，迫使它不得不将废弃物运输到安大略省的蒂米斯坎明格，遭到很多

---

① 玛丽-克洛德·洛尔蒂，《多伦多的垃圾》，《新闻报》2012年1月9日。

人的反对，于是多伦多开始将垃圾运送到查尔顿和密歇根州。货物进口令人欢迎，但废物出口却远非如此。

2010年，多伦多终于在安大略省西南部伦敦市附近找到了一个新的垃圾处理点。但这里空间有限，因而需要严格控制垃圾的数量。当务之急，是推动市民最大限度地回收利用垃圾。转变由此开始。

2012年，一半的家庭参与了垃圾回收计划。据估计，家里有堆肥箱和回收箱的单户住宅居民实现了63%的传统垃圾再回收。

该回收计划的主要目的是最大限度地减少垃圾填埋。怎么实现？尽可能回收利用固体废物和有机物。从长远来看，也包括回收甲烷，用来发电，目标为16兆瓦①，同时同地生产热和电。

越来越多的发达城市将效仿多伦多的废物管理办法。蒙特利尔已经采取了同样的做法。我们希望，2020年能取消填埋这一垃圾处理办法，或至少取消城市里一半的垃圾填埋。在垃圾处理的众多可行办法中，有人提出建造两个堆肥中心，一个位于特鲁多机场北部的多瓦尔，另一个位于米隆的旧垃圾堆积场，即地势复杂的圣米歇尔。

虽然规划得很好，可是公民参与有时仅仅是一个时髦词语，往往会跟当地利益产生不愉快的冲突，尽管当下环保主义思潮被人们提倡和推崇，可人们事不关己的态度还是阻碍了城市的管理。比如圣米歇尔区公民反对在自己的区域上建立堆肥场。为什么该区要为全城公民的不满买单呢？

① 这里需要注意，安大略省的产能约为40000兆瓦，所以这种小型发电厂的产能只具有象征意义。

4. 生物能源

生物能源形式多样，但大致可以分为两类：生物燃气和生态燃料，生物甲烷可以被视为堆肥的代替法。2013年2月，蒙特利尔市议会批准建造两个中心和两个工厂，用于将残留的有机物质转换成生物燃气，首先，在堆肥中心处理有机废物，然后将堆肥运送到工厂，把堆肥转化为生物燃气，也叫作甲烷。这两个中心和两个工厂应在2016年开始运营，每年处理约20万吨有机材料。

将垃圾围在一个加热的大筒仓中，可以使垃圾在真空中分解，从而释放出生物甲烷，并获取一种由70%甲烷和30%二氧化碳组成的混合气体，提炼后，使甲烷含量达到96%，符合使用标准。

美好的愿望是值得提倡的，但现实并不总是美好的。根据2010年的估计，每吨庭院垃圾和枯叶的堆肥成本比填埋略低。但厌氧处理的成本却是填埋处理成本的两倍。当然，可以通过销售气体弥补成本，但收益也许无法保证。

5. 生物燃气前景如何？

在魁北克关于页岩气的争论中，一些环保团体提议用生物燃气处理来替代传统废物处理。据估计，有机废弃物沼气回收可以满足魁北克60%的天然气需求。让我们来看看这些数字。

蒙特利尔及其郊区的食品垃圾回收占魁北克省全部食品垃圾回收的一半。乐观估计，如果该方法可以部分应用到魁北克其他城市，蒙特利尔工厂的产量可以增加两倍，也就是说魁北克的甲烷生产总量将约为6000万吨。然而，魁北克省天然气需求量大约为50亿立方米，即生物燃气处理产生的天然气占魁北克天然气总需求的1%左右。

2012年，生物燃气的价格是天然气价格的四倍，因此暂时不会取代其他主要回收方法。美国的预测证实了这些数字：到2035年，与垃圾焚烧法相比，生物燃气依旧处于边缘地位。[①]

沼气的提倡者说："该研究忘了生物燃气还应该包括有机农业。"还是要计算一下生物燃气处理的经济效益，当然还有社会和环境效益。通常，生产成本与能源消耗成正比，因此生物燃气处理生产成本越高，也越可能在某些方面对环境产生意想不到的影响。

生物燃气处理行业还存在一些关键问题：有机材料的运输、气味和废物管理、沼气运输、政府财政补助等。在垃圾填埋场，也就是说在沼气生产过程中释放硫化氢，有导致重大事

---

① Outlook 2012, http://www.doe.gov.

故的隐患。

　　这一小节的讨论使我们初步了解了这个经常被滥用的能源生产概念。

　　然而，如果从环保角度去衡量这个行业，城市显然有必要认真研究所有有机材料回收方法。就这个意义而言，堆肥似乎占据优势。显而易见，城市必须努力提倡垃圾的分类和回收，但首先要减少垃圾量。

6. 生物柴油

　　生物柴油可以用动植物油脂为原料制成，这种生物燃料可以让来自农产品加工工业的残余物质发挥作用，所以在未来有很高的环保和经济价值。

　　生物柴油是用城市垃圾制成的，主要用于公交车、卡车等交通工具上，但用在混合机械时，生态效果将大大降低。

　　城市为该项技术的发展做出了很多努力，而实际情况远没有那么简单。垃圾的质量往往参差不齐，体积也大小不一，回收的组织也不是很好。来自废料的生物柴油相当有限，但如果有朝一日，有大片农田可以专门种植为生物柴油提供原料的植物时，这个领域的前景可能会好转。该问题与甲烷的问题性质相同，需要注意的是，加拿大的生物柴油和甲烷燃料分别占燃料消费量的2％和5％。

小　结

情况并非不可挽回，多伦多或魁北克的一些城市的实践表明，情况在过去十年间已经有较大的改善，废物回收率在迅速增加。虽然有些雄心勃勃，但未来的回收目标是可以实现的，垃圾的总量也在下降。这些进步都有助于减少温室气体排放，对抗气候变暖。总之，市政当局和消费者的环保意识都加强了，走向了可持续发展的道路。

这是朝可生存城市迈进了一步吗？什么叫"可生存城市"呢？

第四章

城市规划，
从模糊到现实

　　城市规划师和建筑师如果不是在做贴纸，都去干什么啦？从圣地亚哥到希库蒂米，城市的风格大同小异，即使身处异域他乡，新鲜感也不复存在。福格利亚曾说："DIX30购物中心是您建的吗？真想给您个耳光！"

　　为什么城市规划师和建筑师都得过且过、缺乏热情？当然是资金问题。但也有一些充满理想的建筑师敢于提出新理念，有时这些想法也能打动政府部门循规蹈矩的决策者。在环保主义者和一些新思想流派的支持和推动下，这些关于城市规划的新理念得到国际媒体的认可。还必须指出，一些城市懂得塑造和营销自己的形象，它们善于结合时尚和潮流，成功地改变了自己的品牌形象。

　　我们从这些新理念中能学到什么？先从宜居城市这个基本问题开始。

宜居城市

什么是宜居城市？是符合十六项可持续发展原则的城市吗？完全符合这些原则那是梦想。不过，我们可以此为基本原则：城市的宜居性是指这个城市的空间安排和人类活动都致力于保障全体市民优质的生活条件。这个定义实际上是什么意思呢？它意味着增加绿地和人行道，限制用车，最大限度地改善空气和水的质量，建立区域内社会结构政策，保证多样的文化活动，教育和医疗服务全面化，商业和娱乐服务多元化，人类在这种条件下实现长期且稳定的发展。

这一切说明"宜居城市"的程度依城市自身不同的标准和定位而变化。关于最受欢迎的城市那部分已经说明，经济发达的城市往往有面积中等、人口适中、地理位置优越等共性。但事无绝对，后天的努力也很重要，我们需要持之以恒地工作，制定有利发展的计划。经济环境可以改变一切，底特律即是如此。因为归根结底，使一个城市宜居的主要条件，是这个城市及其邻近地区可为居民提供高质量和稳定的就业岗位。

通常而言，得益于经济等原因，首都发展往往较为领先。以此推理，渥太华算得上是宜居城市。然而，一些城市规划者和环保主义者对此持保留意见。文学名著从来没有援引过渥太华，常常提起的是实现"零碳"发展的哥本哈根。因为许多人认为，"宜居城市"这一称谓体现了一个城市的环保意识。更糟的是

"宜居城市"可能仅仅是一种聪明的营销手段。

哥本哈根提倡的"零碳"目标很有趣。前几章已经表明，现代化城市是产品和资源的消费者。因此，如果将产品生产的所有步骤包括在内，哥本哈根无法实现"零碳"计划。此外，丹麦政府财政在可再生能源领域的投资预算比较低，虽然政府出台的关于减少依赖矿石燃料的政策确实小有成效，但丹麦还远远不能实现零碳排放。

最后，我们必须认识到，最受欢迎的城市往往是宜居城市，而这类城市的人均碳污染比世界其他城市都高，它人口密度中等，居民富裕，服务业发达且种类多样，这也意味着人民消费水平更高，从而导致能源消耗也高，人均空间也更大，豪华轿车比比皆是。换言之，如果宜居城市或可持续发展城市包括"集体富裕"参数，那这个定义就面临着矛盾。

更矛盾的是，很多城市规划师不喜欢的宝乐沙和布谢维尔可能符合可居住城市的标准，这些城市生活水平高，市政服务多样化。市区绿化状况良好，城市干净整洁，垃圾分类回收处理相对成熟，交通状况也非常好，孩子们可以在大多数街道上安全地玩耍，市民富裕，能源供给主要是电能和可再生能源，居民日常出行距离适中，汽车是最常见的代步工具，但因很多时候行程较短，所以自行车也有一席之地，整个城市的公共交通也很方便。

特别是宝乐沙，只要尚普兰新桥的轻轨项目一实现，就可以超越哥本哈根，成为对矿石燃料依赖度较低的城市。

因此，当城市规划师说要达到"可居住城市"的目标时，需要仔细体会其弦外之音。一切都是相对的，企图使一些城市变得更加纯洁的想法很快就会变得毫无意义。因为不同的职业和思想流派的人在对"可居住城市"的定义上远没有达到一致。

对该概念定义最严格的人认为，在城市中建设绿色空间或步行街是不够的，还必须取消独立住宅，因为独立住宅浪费土地、增加了汽车的使用。然而，这是知易行难。一方面，在西方，"拆迁"一词是不存在的；另一方面，社会层面是最难引导的：中心区域的改造，通常会导致增加房租或抵押房子，最终迫使穷人离开该地区，中产阶级和年轻家庭迁到郊区。如果没有价格控制和革命性的国家政策，城市可持续发展将永远是一个空想。

一个理想的城市模式并不见得是解决问题的好办法。每个城市都应该有自己的个性和社会经济背景。没有什么事物是完美的，相反，城市间可以相互学习和借鉴，从而建立一个更加尊重人、尊重环境的城市发展规划。

最适宜居住的城市大多数聚集在欧洲，因为那里很早就致力于公共交通的发展，人口状况也于此有利，欧洲城市的家庭数量相对稳定，这有助于巩固既有成果，人口密度大可保证城际铁路交通盈利。

如果能够治理好城市污染问题，亚洲新兴国家的发达城市也可以成为宜居城市。中国人有能力这样做。快速列车的发展就表明了中国可持续发展的决心。中国在2012年12月完成了世界上最长的高速铁路线，从北京到广州2298公里的距离只需不到8个小时。

欧洲和中国的例子表明，北美在这个领域已经大大落后于世界其他地区了，在北美，人们也许在时尚休息室里聊天时才会谈到高速列车。公共交通发展的落后使小汽车的平均能耗较高，当然，卡车运输方面表现也不是很理想。另外，火力发电的效率一个世纪以来都没有提高。虽然这些现象不容乐观，但美国已经意识到了这个问题的严重性，纽约等一些城市已经采取了积极的改善方案，大多数北美城市在废物回收领域也已经采取了一些措施。

南半球的城市化发展迅速而猛烈，农村人口流入成为不可阻挡的趋势。城市外扩也带来诸如工作、住房、道路、教育、卫生等多种问题。发展存在赤字：城市政策的制定应致力于改善人类所需的生活条件，并应对"贫困城市化"的挑战。卫生问题、电力供应和交通运输等基本服务是市政府需要考虑的核心问题。南半球城市化快速发展要求我们发展经济。在这样的条件下，环境问题可能被推迟考虑。

城市化，阻碍还是机遇？一切都取决于城市政策是否恰当，是否有利于持续发展。

总之，除了斯堪的纳维亚、德国和瑞士的一些城市，全球其他城市要做到"宜居"还任重道远。解决方法众所周知，但实践起来却非易事，主要困难在于城市往往难以打破陋习和旧制度，重建新型城市。

当今中国尚能够接受拆除重建，而北美却丝毫不愿意改变。与市和州相比，白宫几乎没有什么权力，更别说美国总统如果想要通过一项改革，必须与国会和参议院频频协商。市政层面的改革也是困难重重，市郊比市区更受重视，比如，如何在交通运输方面强制实行可持续发展的政策？观察家认为，美国的制度往往以民主的名义拒绝发展，鼓励不变。

综上所述，"宜居城市"是一个模糊的概念，这个概念对市政规划并没有什么帮助，它不足以代表城市的现实。已经满足这个定义的城市，往往是无意间成了这场比赛中的获胜者。获此殊荣的城市，一开始并没有想到能成为宜居城市，就像是中彩一样幸运。除了运气，还有什么呢？

如果根据宜居城市的标准重建一个城市是不可能的，那么为什么不能发展一些生态街区和TOD①发展模式呢？

---

① 以公共交通为导向的开发。

1. 生态住宅区和TOD发展模式

生态街区旨在解决造成污染的各种原因，当然，也包括能源和废物管理。通过地下管道系统连接到居民楼，废物管理系统可以处理可回收物品、有机材料和其他常规垃圾，避免垃圾车在社区肆意行驶。在一些生态街区中，回收垃圾可以生产新能量，为废物管理系统循环供给。

在生态街区中，人们还可以规划高效的发电厂，以满足供暖需求。当然，这样的想法在魁北克省不太可行，因为电热仍然被认为是最环保的方式。

在增加人口密度的同时，生态街区可以提供更多的绿地和交通服务，改善居民的生活质量。这种街区的街道规划相对狭窄，但人行道和自行车道四通八达，每户配备一个停车位，每公顷土地至少有90至100户住宅。

在投标中，承诺采用环保材料或通过使建筑绝缘来减少能源消耗的公司备受青睐，节水设备和就地回收利用技术也受到欢迎。

魁北克市提议建造两个共计近3000户住宅的生态街区，第一个在城东靠近蒙特伦西瀑布的戴斯蒂默维尔，第二个在圣洛克区北部的野兔角。有轨电车是生态街区发展的另一个动力。

但野兔角表明生态街区创建之艰辛。在第一次招标中，因为生产成本过高，一些开发商犹豫不决，潜在买家也不敢问津。在开发商看来，这些由生态概念导致的高昂费用应由政府买单，而不应该由开发商来承担。如果希望将生态街区的住宅价格保持在一个合理范围内，就不应该让投资者承担这一切。

第二个问题是有轨电车比公交车更贵。项目快结束的时候，魁北克的有轨电车计划仍然在襁褓之中，因为政府并没有采取任何实际计划。

有轨电车计划再次被推迟。原因之一是财政赤字导致政府无力补贴此类基础设施，更别说在生态街区延长有轨电车了。

蒙特利尔赛马场重建面临着同样的问题。在该区建立一个小型村庄，由有轨电车通往市中心，想法很吸引人。设想富有创意：建一个拥有5000到8000户住宅的公共交通导向型社区。这是一个涉及人口密度、公共交通和可持续发展的复杂系统。2013年11月当选的新市长认为，有轨电车远远不是蒙特利尔的建设重点，人口密集的蒙特利尔市郊一直在等待高质量的公共交通，这两万名新居民又怎么可能有优先权？

可以就此认为魁北克的TOD发展模式就此失败了吗？未必，还是先来了解一下这个计划的最终目标吧！

公共交通导向发展的理念形成于20世纪90年代，旨在在方圆600至1000米的公共交通范围内创建有活力的多功能街区。汽车已不再是主要的运输工具，城市可以在新的基础上进行改造，居住区必须配备相应的公共交通建设，步行可以前往任何地方，商业区的中心周围可以找到各种活动，不同类型的住宅栉比鳞次，且配置高质量的公共和私人空间。

但这个理念太前卫了吗？从根本上看，紧凑的市中心在很大程度上符合公共交通导向发展理念。欧洲城市的街区、魁北克旧城、蒙特利尔旧城、纽约的村庄，当然还有威尼斯，都接近这一理念。

这一理念有哪些吸引力呢？主要有两点：主街道将更有活力和人气，且没有私家车通行。

一颗跳动的心脏

从历史上看，人们最初将村庄定义为聚集处、大广场，比如在教堂周围。码头和车站也是社区生活的标志，旅馆纷纷入驻，商店也就此诞生。

然而，今时不同往日。正如卡乐斯乐队的这首歌写的那样：

购物中心就好像从天而降的炸弹

摧毁了大街小巷

像卡乐斯乐队所唱的那样，这是一个时代的遗憾，街道被商业占据，失去了灵魂。是什么让传统消失得如此之快？至少在美国是如此。在欧洲，人们恢复了中央广场的价值。南特和斯特拉斯堡还能唤起人们的回忆。与其他公共交通方式相比，我们所使用的电车不仅更有竞争力，也是城市发展，甚至重新组成城市形态的工具。

城市的特色往往在于市中心。为了吸引游客，城市需要为人们的步行提供一个更加舒适惬意的环境。拉瓦尔不值得一去，佩罗岛的所有村庄已经失去了自己的灵魂，45万居民没有足够的独立空间，甚至很难找到一家舒适的餐厅。这能算是有高品质生活的城市吗？拉瓦尔和佩罗岛算得上有品质的城市吗？

有时，只需一点努力，就可以使城市重获生机，就像谢尔布鲁克市在民族湖和老火车站周边所做的那样。沃德勒伊市本来有机会做到这一点，可惜第一步就失败了。如果在新火车站建设时，规划一个特色建筑和一条步行街的话，火车站绝对不会像现在一样毫无特色。如今该火车站类似DIX30购物中心，周围是车行道和商店，毫无人气。这里人与人之间的相聚就好像一场缺乏美丽与智慧的约会。

形式不重要，一个城市必须具备有人气的社区，特征就是有可供人们聚集的地方。不一定是街道，也可以是公园、码头、海岸线等景观。事实证明，宝乐沙和DIX30购物中心以及沃德勒伊火车站并不受欢迎，而有时仅需一点想象力便可以彻底改变局面。

在这三个城市中，布谢维尔创造出一个很成功的迷你市中心，通过改造荒凉的海岸，让整个城市唤醒了以往的活力。人们在新建的社区附近造了一个湖，修建了自行车道，连接居民区和湖边。这里房屋相对密集，有单户住宅、普通居民楼以及时下流行的公寓式住宅区。湖泊附近，有一个社区中心、一个集市和些许露台。

定义理想城市的第一个标准，是它的个性和迷人节奏。公众有一个聚集的地方，步行或骑自行车都可方便到达，鼓励免费停车。圣朱莉是一座幸福的城市①，正因为那里有社区生活，有很多供人们聚集和举办乡村节日的场所。

"市民参与"是彰显城市活力的关键，这往往是政治家们竞相推崇的时代价值。由于志愿者们的参与，圣朱莉市的娱乐产业取得了较大成功。

另一个例子经常被提及，用以彰显该城市的活力，即它为12至17岁的青少年的社交出行提供了相应的社区出租车服务。总之，一个幸福的城市是一个提倡交流和团结的城市，是一个具有活力和创造力的城市，是一个以人为本的城市。

理想的城市并不局限于小城市，也可以是多个特点鲜明的街

---

① 在幸福城市的排名中，圣朱莉长期名列魁北克地区前三。里穆斯基、雷朋堤尼、维多利亚城也是口碑较好的城市。

区或社区的综合。例如，巴黎的拉丁区和大巴黎地区文化不同，蒙特利尔皇家山高地和公园附近的街区也是完全不同的文化表现。蒙特利尔的其他街区也各有特色，玫瑰山有玫瑰山公园，西南面有阿特沃特市场和拉欣运河，凡尔登有惠灵顿街和它别致的公园。更远的岛上或者城郊，一些地方也保留着自己的个性及魅力，想一下拉欣运河或者圣安娜·德贝尔维尤就能理解了。

如此看来，理想城市并不局限于一个单一的形态或特征。城市中的每个街区都可以有自己的特点。对于宝乐沙和沃德勒伊，一切还为时未晚，而拉瓦尔则可能难以挽回了。

无车之城

一座宜居的城市有自己迷人的律动。首先，它的公共场所热闹非凡；其次，那里禁止机动车通行，使城市的街道更加舒适惬意。为什么威尼斯和布拉格会令游人流连忘返？当然主要是因为那里灿烂的文化，但同时也因为远离车辆的干扰，可以让游人安静地漫步其中，体会城市之美。

从某种角度来看，在那些受游人喜爱的城市里，我们找不到现代文明的足迹，例如在魁北克看不见电线，古迹被完整地保留下来。这里有面包店、露天咖啡馆，还有街心公园的长椅。

相比而言，DIX30购物中心招人厌恶的原因正在于车辆破坏了风景，肆意在街上横行。

这就是品味与理论。标签并不重要，生态街区和公共交通导向发展仅仅是表达人民意愿的新方式，它确保城市发展以人为本，有可以相聚和轻松行走的空间。

我们难道不能从这些理论概念中得到一些启发，对城市进行适当的改造？并非缺乏这种意愿，但增加城市密度的政策必须优先考虑。蒙特利尔关于大都会治理和发展的规划是2011年12月通过的。

从本质上讲，治理和发展规划为蒙特利尔提供了三个项目：

1. 在公共交通站点周围建立可持续发展街区，以集中40%的新住户。如果公共交通供应增加，这一目标可以提高到60%。

2. 大市区公共交通网的发展需要投资约230亿美元。当局估计，公共交通运能的增加，将确保从现在到2021年，至少有30%的早高峰期出行将采取公共交通方式，并希望到2031年，该比率增长为35%。

3. 利用蒙特利尔得天独厚的自然优势，推广绿色生态理念，达到《名古屋生物多样性保护公约》17%的保护目标。

在市区可持续发展的背景下，预计到2031年，大都会治理和发展规划将使都市周边区域能容纳32万户家庭。具体情况可能会有变化，在沃德勒伊，人们早已考虑是否需要腾出空间设立新的医院。

蒙特利尔当局发起了一项雄心勃勃的挑战：更好地规划自己的领土，通过发展公共交通网，将至少40%的未来居民纳入周边更密集的新区。目前，该计划已在七个卫星城展开试点。

市政当局将该计划称为公共交通导向型社区计划，但是实际上有必要进一步说明，比如其中有一个试点项目是关于建设通向DIX30购物中心的轻轨，但是这个区域仅凭这一条规划线路并不能称得上公共交通导向型社区，所以市政府应该在措词上更加严谨一点。大都会治理和发展规划（PMAD）的确值得赞赏，该计划进一步增密并改善周边地区的公共交通网，但小汽车的使用并不会因此而明显减少，城市的景观也不会有明显的改善。

总而言之，生态住宅区或TOD发展模式的概念还是非常有吸引力的。但现实中，由于许多原因，其影响力将是有限的。首先，这些社区针对的是有钱人，这会造成新的积压，要让人投资公共交通，选址是最关键的，政府更不会优先投资基本上还停留在概念上的快速公共交通。

　　当然，开发社区空间和发展公共交通的想法是值得赞扬和鼓励的。最起码，辩论会激发新的想法。

智能城市①

　　试想一下，城市中所有的大楼、商店和住宅实现全网通，互相之间的交流透明便捷，街道上将安装传感器，让市民随时了解污染的程度、交通状况和出行时刻表。这是未来趋势。蒙特利尔市原市长丹尼斯·科德尔甚至为此提出了口号。

　　显然，达到此目的的第一个条件便是公民有权访问数据。第二个条件是，智能城市必须依靠公民参与。

　　目前，魁北克市已经被列为智能城市了。2012年1月，魁北克、巴塞罗那和奥斯汀（得克萨斯州首府）入围全球七个最智能的城市，而斯德哥尔摩在2010年已经获得"智能城市"的殊荣了。如何成为智能城市呢？以魁北克市为例，它被认为是北美最前卫的城市。2012年年初，在图书馆、竞技场、公园等市政建筑中，已有80个无线网络接入点，并且在短期内增加到500个。

　　当然，可持续发展的城市还必须有一个智能交通系统。根据智能互联社区网②，库里蒂巴由于其创新的公共交通方式成了可

---

① 纳塞利·科拉德，《城市的未来》，《新闻报》2012年1月21日。法比恩·德圭斯，《智能城市的神话》，《责任报》2014年2月22日。

② http://Cisco-clnasia.hosted.jivesoftware.com/community/urban-planning/index.jspa.

持续和智能城市的典范。蒙特利尔也致力于各种公共交通数据公开化，届时，出行者可以使用智能手机，优化出行方式和时间。

在公路交通方面，路上有专门的屏幕告知出行者复杂的实时路况、如何绕行、迟到多久。然而，实时信息并不能解决变化无常的交通问题，在蒙特利尔，交通堵塞是很常见的，一旦遭遇堵车，任何方式都无法将驾驶者从堵车中解救出来。

智能城市的概念，还可以包括智能电表。①

智能联网是实现"智能电网"的第一步。例如，据预计，魁北克越来越多的机动车开始采用充电方式。为了避免充电站排长队，魁北克水电公司必须对傍晚的高峰时段采取对策。在魁北克的战略计划中，未来消费者还有望使用太阳能、风能等其他形式的新能源。为了使计划能够盈利，魁北克水电公司应回购多余的电量。这种进步就好像电脑与老式打字机的差距。未来消费者将可以时刻跟进自己的电能消费情况，随时作出适当的下调。因此，智能电表也算得上一种节能措施。

以上是魁北克应当掌握的新兴科技应用中的几个例子。当然，信息技术没有限制，它将逐渐成为我们日常生活的一部分，特别是在城市里。正如我们所看到的那样，要想成为宜居城市，需要在很多方面进行改革，最后这一节着重说明，可持续发展城市必须现代化，尤其是在科技应用方面要与时俱进。

不过，我们永远要保持警惕，防止智能城市变成一个口号，成为政治营销手段，而不是真正改变事物的性质。

---

① 加埃唐·拉弗朗斯，《智能计数》，《新闻报》2012年2月2日。

2. 城市的理想形式

从消费角度来看，城市的理想形式是什么样的呢？一切取决于我们的标准。例如，我们可以说拉瓦尔算得上是一个理想城市，因为那里交通方便，商业服务便捷。对于那些不需要在高峰期开车穿越蒙特利尔岛的中产阶级而言，拉瓦尔提供的服务可以满足他们无忧无虑的生活。但如果从区域规划的角度来看，拉瓦尔可谓是魁北克省最差的例子。

在世界的另一端，苏联时期的一些城市在很大程度上符合基本的环保标准：人口密集，公共交通便利，但城市丑陋，不讨人喜欢。

所以，城市的理想形态应该是既有丰富有趣的社区生活，同时也尽可能要拥有美丽的城市景观。但是，除了这些社会因素和外观外，城市在哪些方面可以有助于减少能耗呢？从这个角度来看，它必须满足第一个基本条件：熵的最小化。

熵最小化

谈“熵”色变，熵越大意味着城市不可回收利用的能源损耗越多，这也是衡量城市环境的一项重要指标，要理解这一点，就要研究城市的“输入”和“输出”情况。

输入

共有五种类型的输入：（1）用于交通、家庭、商业和工业的能源；（2）保证水资源供应和饮水健康；（3）太阳能收益；（4）有机产品：食品、药物等；（5）固体产品：金属、包装、建材等。

输出

输出也有五种：（1）能耗，以热能为主；（2）空气污染：微粒、二氧化碳等；（3）废水；（4）太阳能反射；（5）有机固体废物。

减少熵的关键在于减少输出，当然减少输出也与减少输入有关。要减少能源消耗就必须提高交通运输效率；要减少废物就必须降低消费，促进回收利用；节约用水就必须避免浪费和过度消费；为了避免高温点并减少空调的使用，就必须更好地管理太阳能使用效益，等等。

在这个过程中，消费者扮演着重要的角色。但从宏观角度看，熵最小化可以更大程度地改善城市环境，优化城市形态。根据定义，城市的形态不仅涉及占地面积，还涉及建筑物高度的分布。要理解不同城市形态的影响，人口分布曲线是一个很好的指标，因为它通常反映了住宅和建筑物的面积，以及公共交通或有效交通的使用率。

图5显示，人口密度与公共交通或有效交通的使用相关，我们也可以认为燃油消耗和城市密度之间有关系。

然而，由于难以获得每个区域或社区的燃料销售信息，这方面的相关科研较少，最著名的要数1989年纽曼和肯沃的研究了。[①]比较世界上32个城市的燃油消耗情况后发现，城市人口密度是造成人均油耗差异的主导因素。人口密度较大的城市的人均油耗是人口密度较小的城市的10％到20％。考虑到美国汽车油耗比别的地方高，能源结算表作了修改。尽管如此，也无法掩盖美国（人口密度低的）城市的油耗比欧洲城市多3倍以上。

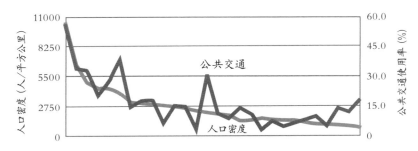

图5　美国城市人口密度和公共交通使用率之间的关系（2010）

资料来源：美国人口普查局，2010年。

这些结果表明，城市人口越多、密度越大，人均消耗的运输燃料越少。在这里也同样，考虑到每个国家或经济体的社会价值和集体财富有一些差别，分析时必须注意其中的细微之处。

洛杉矶、巴黎、东京分处三个不同的大洲，代表了三个不同的价值体系和人类不同的发展阶段，因此，从科学的角度来说，这三个城市不存在可比性，如果非要比较，误差肯定是不可避免。另外，除去香港、莫斯科和东京这样的城市，按大陆来分析，情况又会完全不同。尽管在比较同一大洲的城市时，人口密度带来的影响得到了肯定，但这种影响在全球范围内要小得多。很明显，这一研究反映了一种能源消耗行为，也间接反映

① 加埃唐·拉弗朗斯，《无度索取，人类等于自杀》，多元世界出版社，2002。

了美洲、欧洲和澳大利亚城市群之间相似的价值体系。

但是人口密度并不能解释一切，城市规模是确定灵活、便捷的公共交通网的重要因素，也影响居民出行所耗费的时间，比如在纽约或者东京这样的大城市，上班族每天在上班的路上耗费几个小时的现象并不罕见。说到这里，我们也注意到，大多数居民居住在人口数量少于50万的城市里，尽管小城市的公共交通并不是很方便，但生活在小城市里仍是一个解决交通堵塞的好办法。

城市的形状是影响公共交通的另一个因素，比如，洛杉矶公共交通工具的使用率仅为6.2%，而在纽约这一数字为30.6%。我们可以将原因归结于洛杉矶较长的城市形状，也就是说洛杉矶居民的出行距离平均要比纽约居民的出行距离长。

因此，要概括城市模式并非易事，但我们仍可以尝试发现几个能减低人均消费的城市模式。

从以弗所到威尼斯：错综复杂的迷宫

我们平生第一次乘着载满乘客的轮船从大运河进入威尼斯的时候，才真正体会到无数次出现在杂志上的那些画面。杂志上的图片从未打动过我们，而此刻浮现在眼前的景色却深深地触动了我们：蔚蓝的天空下阵阵海风掀起波浪，透过其中仿佛能看到圣光若隐若现，魅力之城威尼斯迷宫般的水路吸引着来自世界各地的游客。

博闻广见的游人总是期待看到一个与众不同的历史古城，而威尼斯就是这样的一座古城。它建在十几座小岛上，120条大大小小的运河缠绕其中，400座形态各异的桥梁接通了水路迷宫。了解威尼斯古代帝国辉煌历史的人更期待看到这座古城有别于其他古城的艺术杰作。

到威尼斯之后，我们才能更好地理解《米其林旅行指南》中所说的"在威尼斯，海洋与天地相交融，这是历史或迪士尼幻想工程的唯一见证者"。世界上不会再有第二个威尼斯了，放开我们的想象力，我们会觉得，它离科幻电影《星球大战》中的城市并不遥远。

就像太空中的一座城市，带着穹顶的威尼斯是一座有个性、有生命、有灵魂的城市，它不需要生产初级产品，人们带着维持这座城市发展的资源来到威尼斯，带着文化知识和与威尼斯格格不入的垃圾废料离开。在这里生活并不需要一个财富的生产和分配系统，就像在一个虚幻世界里一样。

在意大利游览过佛罗伦萨和罗马等其他城市后，才能更好地体会到威尼斯另一个独特之处。无论是在视觉、听觉还是嗅觉方面，威尼斯都能给我们一个全新的体验。这里的人们更喜欢步行，街道上没有汽车马达和喇叭的声音，没有轮胎与地面摩擦刺耳的声音，也没有汽油燃烧后的味道。

威尼斯给我们的第一印象，就是在一个只有27万居民的城市生活会很惬意，没有机动车，没有污染。假如生活在美国郊区的人偶然来到威尼斯度假，当他很满意威尼斯的生活而幻想在这里定居的时候，他一定想象不到在威尼斯生活的一些不便之处。

尽管资源丰富，文化独特，威尼斯也有一些时代特点。在人口数量最高达到25万的土耳其城市以弗所游览过后，我们就会深刻体会到，威尼斯这座城市的形态在2000年里几乎没有发生变化。在靠力气走路的时代，能少走几步就少走几步，房屋的无序排列挡风效果很好，有助于节约热量，狭窄的街道提醒我们，人口稠密的城市不会只有好处，堡垒式的城镇难以保持干净，容易暴发流行病。

当然，这些问题如今都得到了解决，但家家户户像空间站一样一户挨着一户地挤在一起，不一定能让所有人满意。还记得我们之前所讨论过的理想的住宅吗？通常，人们更喜欢住在离市中心比较远的地方，不愿意住在魁北克老城那样游客众多的地方，旅游旺季的时候，街上甚至人行道上全都是汽车，那时候，当地居民经常抱怨没完没了的交通拥堵。

这样的倾向清楚地告诉我们，导致城市拥挤有三个主要因素：社会发展、经济状况以及人口密度。联合国人居署①的研究显示，很多城市的人口密度在近两个世纪以来急剧下降，比如巴黎和孟买，人口密度下降了至少一半。巴黎的人口密度也从原来的每平方公里5.5万人下降到2.5万人，孟买的人口密度从原来的每平方公里8.5万人下降到3.9万人。

根据全世界1366个城市的数据样本，得出每个大洲的城市人口密度（人/平方公里）：

亚洲	非洲	南美洲	欧洲	大洋洲	北美洲
8871	8547	6427	3324	912	901

从中不难发现一个规律，越发达的地区城市人口密度越小，当然也要考虑每个国家的价值观念和可支配土地的面积。

没有汽车的威尼斯市中心和无污染的居民区在图片上看起来是那样迷人，但另一方面我们也应该清楚地认识到，受规模限制，这种城市的交通只能靠力气。当然这只是目前的情况。如果能对此多一些考虑，也许威尼斯将会成为22世纪城市的典范。是吗？是的，因为在威尼斯，所有的能源有两种主要来源：首先当然是人力，再就是用于船、泵、滑毯等的电动马达。成

———————————
① 联合国，《可持续城市流动规划与设计》，《2013年全球人类住区报告》。

为没有噪音和污染的城市不是不可能，前提是让居民摆脱机械的束缚。

从巴黎到曼哈顿：人口密度最佳的城市

在大城市里，我们很难找到一个人口密度比较均匀的典范，因为城市的形态每个时期都不一样，一般情况下，市中心的人口密度相对较大，郊区反之。在城市内部，相对比较均匀的人口密度是可能实现的。比如巴黎和曼哈顿，巴黎市区的人口密度是每平方公里21275人，曼哈顿地区的人口密度是每平方公里26200人。

我们经常忘记综合考虑不同类型的城市，所以应该谨慎地进行比较。对巴黎和曼哈顿的比较还是很有趣的，因为两地的建筑风格完全不同，多年来，巴黎的街道形成了相对宽广的风格，建筑高度限制在20米之内，宽度一般也不能超过12米，据一次粗略估计，巴黎的建筑平均高度在5层到7层。

而曼哈顿建筑的平均层数就明显比巴黎建筑多。通过之前对大型建筑和小型建筑平均能耗的研究对比，可以发现，在外部条件相同的情况下，巴黎建筑的熵值要小于曼哈顿建筑的熵值。一般来说，5到7层的建筑相对于其他层数的建筑有更好的体积比，可以减少能量传递的损耗，更好地减少空调或者暖气在使用过程中产生的能量损失。

建筑越小越可以减少各方面的电能消耗。在许多小型建筑中，上下楼都使用楼梯、开窗通风的效果都很好，这样就可以避免中央空调超负荷使用而造成过度用电。

我们可以借此来做一道算术题：假设现在有一个圆形的城

市，城市里的建筑平均为6层；同样可以假设城市的熵值最小，也就是说城市可以最大限度地使用公共交通，能源得到了最充分的利用。这样一个假设中的城市，与一个建筑层数平均为3层的城市相比，后者在交通方面与前者有怎样的区别？

如果一个城市所有建筑为6层，另一个城市所有建筑为3层，也就是说，在其他条件相同的情况下，后者的面积是前者的两倍。假如这两个城市都呈同心圆，我们可以得出一个结论：第二个城市的半径距离将增加$\sqrt{2}$，居民上班的平均距离也会相应增加，而一般来说，居民出行距离越远，所需的公共交通费用就越大。

以此类推，很容易发现，对于人口密度较小的城市，比如最受欢迎城市排行榜上（人口密度小于2000人每平方公里）的城市，跟巴黎相比，公共交通的回报率很低。也就是说，减少建筑的平均层数，扩大城市的绿地面积，会导致熵值的增加，一方面是因为人们上班的平均距离变远了，另一方面公共交通受到严重影响。

在研究巴黎这类人口密度比较高的城市时，我们还发现了一个有趣的现象，在巴黎，人们出行的主要方式是步行。根据2010年的数据，巴黎汽车的使用率仅为10%，有52%的人都选择步行出行。以此我们可以推测，曼哈顿和其他人口密度大的地区可能也是类似的情况。

这一讨论表明，可以根据城市能源使用状况，用数学的方式确定一个城市的最佳人口密度。这将是一场大范围的全面研究。首先，人口密度和能源消耗之间的关系取决于以下变量：城市的规模、建筑的平均高度、公共资源、出行的平均距离、人口密度下降对公共交通的影响（有一定的灵活性）、人口密度下降对电能和热能和其他能量使用的影响。

本章的目的在于说明，巴黎这样的人口密度也许是一个比较好的参考，但是世界上还有一些人口密度更大的城市，比如马尼拉和开罗人口密度已经超过每平方公里4万人，再用巴黎这个例子来分析这个问题还行得通吗？

从洛杉矶到上海：钟形曲线的人口密度分布

人口密度高且分布均匀并不是世界人口分布的常态。世界城市居民主要分布在小城区或者郊区。但从19世纪50年代开始，城市有逐渐扩张的趋势，首先是城市一环路、二环路等先后建成，其次是周边卫星城被大城市合并，形成一个更大的城市整体。

在城市发展的最初阶段，人口密度相对较大，人口比较集中，而和周围城市的合并使城市规模越来越大，洛杉矶就是一个典型的例子。1973年，洛杉矶市的直径已经扩大到120公里，有380万人口，人口密度约每平方公里2940人，但如果算上洛杉矶郊区，即整个大洛杉矶都市圈的面积和1800万的总人口，人口密度就会大大下降。

纽约的人口密度更符合人口的正常分布：曼哈顿、纽约和大纽约的人口密度分别为每平方公里26200人、10400人和2750人。

大上海的规模和大纽约相当，人口分别为2300万和2200万。两个城市也较有可比性，因为它们在发展史上都倾向于建造高楼大厦，但大上海的人口密度更大：2010年为每平方公里3630人，而大纽约只有2750人，也就是说上海的人口分布更加密集，所以上海的公共交通效率也更高。

如果我们以人口密度和到市中心距离的关系为基础，绘制一张世界大城市人口密度分布表，比如北京、巴黎、雅加达、巴塞罗那、纽约以及洛杉矶这些城市，不难发现距离市中心越远的地区人口密度越低。总的来说，对巴黎和北京这样人口密度很高的城市而言，离市中心10公里之后，人口密度开始缩小。但同为大城市，洛杉矶的人口密度却呈线性分布[1]，它与上述城市在公共交通和主动运输方面发展条件不一样。

人口密度并不能说明一切。虽然有时可能收效甚微，但有些人口密度小的城市还是会不惜投入巨资来改善公共交通，比如我们之前提过的斯堪的纳维亚地区的城市就是如此。而有些人口密度大的城市反而在公共交通的长期投资中亏损严重，蒙特利尔和巴黎的对比可以很好地说明这一点。

蒙特利尔和巴黎的比较

图6和图7是关于巴黎和蒙特利尔地区人口密度和汽车使用率之间的关系。正如我们先前强调过的，巴黎人口密度大的地区，汽车使用率低至10%。反之，在人口密度小的地区，汽车的使用率高达62%。换言之，尽管巴黎的公共交通很发达，人口密度小的地区私家车还是必不可少的。

---

① 联合国，《可持续城市流动规划与设计》，《2013年全球人类住区报告》。

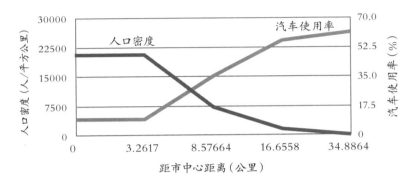

图6　巴黎人口密度和汽车使用率的关系（按地区划分）

资料来源：《法兰西岛机动车使用状况调查，2010》。

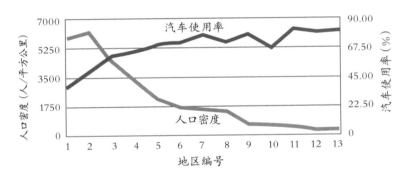

图7　蒙特利尔人口密度和汽车使用率的关系（按地区划分）

资料来源：《出发地和目的地调查，2008》。

　　从巴黎和蒙特利尔的对比研究中，我们得出一些有趣的结论：蒙特利尔人口最密集的区域人口密度约为每平方公里6000人，这一地区的汽车使用率为37%，这一水平和巴黎相同人口密度的区域不相上下。在高人口密度区域的汽车使用率方面，蒙特利尔和巴黎的差别并不大。而在蒙特利尔人口密度比较小的地区，汽车使用率约为70%，比巴黎相同人口密度区域的汽车使用率高出了20个百分点。另外，相同的低人口密度条件下，北欧的斯德哥尔摩的汽车使用率为26%，哥本哈根为33%，蒙特利尔与之相比差别就更明显了，尽管事实上蒙特利尔南岸的一些小卫星城汽车使用率和北欧城市相差无几。

这些差异只有一个原因：在公共交通领域的投资是否根据人口密度和汽车使用率的情况。我们进一步得出结论，在汽车使用率这一矛盾上，蒙特利尔最大的问题既不在市中心也不在老城区，而在郊区。在郊区人口密度每平方公里为3000至4000人的范围内，汽车使用率仍高达百分之六七十。

换句话说，降低私家车使用率的首要任务并不是加强市中心星形系统的管理，而是促进地区间和城际的横向交通。交通发展应该向南岸、拉瓦尔、蒙特利尔东部和西部投入资金。我们经常忽略蒙特利尔市中心的就业岗位数只占大蒙特利尔总数的17.8%，工作出行量只占工作日总出行量的50%。

从数学的角度来看，这一讨论意味着什么呢？为了减少熵，必须降低标准偏差。标准偏差越大，交通行程越长。从几何的角度看，圆形要优于椭圆形或者长条形。从这个意义上说，巴黎的形状要优于纽约，而纽约则优于洛杉矶。

有些城市的地理位置天生不利，海滨城市的发展往往呈半圆形向内陆扩张，而一些没有地形限制的城市通常从中心向周围呈圆形扩张。这样一来，在其他条件相同的情况下，滨海城市半圆形的扩张模式无形中增加了城市最外围和市中心的距离。还有一些城市的发展则被山地或河流等天然屏障所阻碍，比如，和地势平坦的巴黎相比，被河流环绕的蒙特利尔市内交通就受到更多的限制。

葡萄串状城市

理想的城市形状应该像一个口不是太大的铃铛，比如巴黎。但是世界上又有几个城市可以效仿巴黎呢？首先，像巴黎一样的特大城市只占世界城市的10%；其次，巴黎城市化历史那么悠久，那些已成型的城市无法自由地重新规划城市。而且，地理位置和地形对城市发展造成的负面影响也是人类难以改变的。

最后还必须指出一点，老城区往往是城市发展的受害者，因为居民区在发展过程中，产生了很多离城市中心越来越远的生活中心，这些建筑往往没有经过精心规划，一段时间以后，当人们意识到时已经太晚。尽管如此，还是应该改善这种局面。如果回到TOD发展模式上，对各个住宅建筑群进行改造，给居民提供最好的居住环境，建设轻轨交通，让每个住宅建筑群之间的交通更为便捷，这并非不可能。

葡萄串形状的城市发展首先形成一个主干作为雏形，然后开始向四周发展。城市的形状像一串葡萄或者章鱼，通过高效的运输网与周围的村庄相连。斯德哥尔摩就是这种发展模式，我们称之为"珍珠项链般的建筑群落"。这个概念的实现，需要各种交通工具间的协作而非竞争。①葡萄串形的发展可能比铃铛形发展代价更高，但城市的绿化往往更好，空气也更新鲜。

这使得蒙特利尔的大都会治理和发展规划显得更为重要。如果该计划得以实现，蒙特利尔周边的大中型城市的居民就可以在减少汽车使用的同时享受高质量的生活。

该计划的反对者认为，这是鼓励城市扩张，离市中心越远，人口会越少。

---

① 联合国，《可持续城市流动规划与设计》，《2013年全球人类住区报告》。

2008年，宝乐沙人口密度是每平方公里1574人。蒙特利尔人口最密集的地区是蒙特利尔北区，每平方公里7560人。比较而言，可以认为宝乐沙是城市扩展的反面教材。但要注意，宝乐沙并不比蒙特利尔北区离市中心更远。宝乐沙人口密度和宜居城市排行榜上的温哥华、墨尔本和南特等城市的人口密度差不多，照这样发展下去，宝乐沙的人口密度将赶上维也纳、斯德哥尔摩、赫尔辛基等城市。

蒙特利尔地区排名并不差。各区生活质量都不错，为居民提供了便捷的出行条件。然而，宝乐沙的公共交通和人力交通使用率为23%，该数字可以和蒙特利尔西岛相媲美。除纽约之外，它比美国其他任何一个城市都高。

换句话说，宝乐沙、布谢维尔和沃德勒伊等城市的生活模式和质量称得上举世公认。以此类推，20年或30年后，蒙特利尔人口密度将朝欧洲城市靠近，这将提高人力出行和公共交通使用率。

无论如何，我们不能改变已经发生的事情。如今大都市已不能再回到曾经袖珍的市区格局了。大都会是由多个不同职能的城区集合而成，每个城区有不同的价值观和财富，建筑物和住宅建成的时间也不一样。简单地说，大都市里的每个城区都有自己的个性和风格。因此，企图用现代的想法彻底改造城市是不切实际的。

反对城市扩张

人们往往倾其所有去扩张城市。对于纯粹主义者来说，居住在市中心以外，就是参与扩张城市的行为。蒙特利尔的情况比较特别，整个城市是一个岛屿，因此住在蒙特利尔岛外并不等同于参与城市扩张，比如住在隆格伊或者是宝乐沙，就比住在多瓦尔西部要更少参与到城市扩张中。

　　每个人心中都有一座理想的城市，但理想有别于现实。梦想中的房子不在市中心，更不是我们能负担得起的。城市的人口密度高低有别，并不是均匀分布的，这反映了收入差距和建筑遗产的差异，每个大区都有自己的特点。

　　正如对于一个人来说，身体的各个部分构成了人的整体，为了整体的和谐，要避免出现多余的东西。有些城市已经不像城市，而像一片平房和菜地，这种人口稀疏、建筑整齐划一的城市并不令人向往，苏联时期的建筑物不再适合我们。

　　理解城市结构，重点在于勾勒城市人口密度的分布曲线。例如，开口大的曲线表明土地开发是不足的。相反，有顶点的曲线可能显示出生活环境差：缺乏绿化空间、气温过高、工厂排烟污染以及过于拥挤的住房等。

　　人口密集和减少城市扩张都是对的，但目标是从市郊向市中心人口逐步密集，这样做是为了降低人口密度分布曲线的标准偏差。所以，必须支持蒙特利尔地区众多市长关于增加人口密度的决心。目标不是让整个地区的人口密度一致，而是在尊重每个城区的使命的同时，让人口逐渐密集。防止城市扩张的措施还有以下几种。

填补漏洞

　　蒙特利尔和魁北克市将设法取消影响城市景观的露天停车场。这是一个一举两得的措施，既可以增加城市人口密度，又能改善城市景观。一些人想得更远：为什么不收取车主在街道上停车的费用？他们甚至说停车不是应有的权利，根据用者自付的原则，司机应承担道路维护费用。

还有人说提议对驾驶者实施附加税，那蒙特利尔"闭塞之城"的名声又将声名远扬，商业也将受到负面影响，最后还是郊区从中受益。

限制汽车停放的问题都比较棘手，取消修建露天停车场的计划肯定会搁浅。不过，必须意识到，新大楼或企业所需的多层停车场也会增加蒙特利尔的出行成本，无论是工作、休闲还是回家。

切勿加重污染点的负担

土地规划有时会被地方领导的私心所左右：每个市长都有一个扩张城市的梦想。还有什么比吸引一个新工厂、一家新医院，建设一条新的高速公路或是一个商业中心更好的呢？但没有人会关心新设施将给当地带来什么样的污染。如果我们已经处于一个有争议的地点，比如蒙特利尔市中心，为什么还要加重那里的货运和客运的负担呢？

大城市的土地整治不应该完全由各区代表来决定，住房、服务行业和工业也是如此。

公共交通发展的公正性

交通拥堵无处不在，即使是在巴黎这样公共交通很完善的城市也是如此。没有完美的公共交通网，而人们也并不总是遵守公正原则。蒙特利尔所有的公共交通工程都以市中心为原点呈星状向四周扩散：大部分公共交通投资都用于改善蒙特利尔市中心，尤其是早晚高峰期的交通状况。然而政府却忽视了蒙特利尔市中心居民出行量只占整个城市居民出行总量的一小部分。

严格的城市分区政策

大都市治理和发展规划朝着正确的方向发展，整体想法是防止城市通过占据周围的农田而不断扩大，目标是大型公共交通枢纽中心服务辐射周边40％的新家庭。这值得赞赏，但是现实吗？很多分析员[1]对此持怀疑态度，毕竟这一项计划没有政府税收激励措施的支持。高速公路是100％由政府承担的，而公共交通却由市镇财政承担40％，除此之外，房产税也为城市运作贡献了70％。

在经济困难时期，政府部门往往会将住宅区和商业区蓬勃发展的希望交给私企，然而这些发展商却很少关注建造公共交通的快速便捷通道。重要的是要能连接一条重要的道路网，宝乐沙、沃德勒伊、布谢维尔就是因此而繁荣起来的。总是先扩展城市，再考虑公共交通。市镇的其他规划也都显得有点本末倒置，道理看起来简单，人却难以从困境中走出来。政府只有投资必要的资金到郊区公共交通发展上，大都市治理和发展规划这样雄心勃勃的项目才能取得成功。总而言之，城市规划首先应该发展公共交通，而不应该反过来。

---

[1] 弗朗索瓦·卡迪纳尔，"庞氏骗局……"，《蒙特利尔的梦想》，《新闻报》2013年。

人口密度的影响和其他措施对比

一般而言，增大城市人口密度被理所当然地视为解决各种环境问题的办法。但在实际工作中，与其他措施相比，这种措施究竟对环境产生什么样的影响？

首先应该明白，城市的人口密度主要影响高峰期的客运状况，对非高峰期的居民出行和建筑物影响不大。城市规模是影响公共交通的另一个因素，从这个意义来说，人口密度的增加，对世界上至少50％的市民不会有太大影响。世界上大多数国家的城市扩张期已经过去，由于人口增长，我们已经步入了城市与城市之间相互合并的时期。

从各个方面来看，城市人口密度增大影响相对较小，为了解决环境问题，必须转向其他措施，大致可从四个方面入手：发展科技、引导居民形成良好的行为习惯、保证交通顺畅和有效的节能计划。

迄今为止，交通领域的技术进步是减少能源消耗最好的方法。我们之前提到过，混合动力客车的能源消耗比传统公交车少40％，以此我们可以推测，未来私家车的平均能耗也可以减少一半。与人口密度对公共交通和人力出行的影响相比，这是很了不起的。因为一方面汽车使用不仅仅局限于居民上下班的需要，另一方面大多数西方城市人口密度低于预期，因此并不会对公共交通产生实际的影响。

例如，在蒙特利尔，高峰时段的公共交通的发展目标，是从现在起到2031年将公共交通的使用率从30％提高到35％。但远郊地区人们的出行仍然以汽车为主，在这种情况下，关键是鼓励更多的人购买节能汽车，其效果也是立竿见影的。

根据同样的思路，拼车也是一个不需花费太多就可以迅速显著降低油耗的措施。这里涉及到人们的生活行为。在这方面显然应该最大限度地鼓励骑行或步行，但也要建设和完善自行专用车道这样的基础设施。

还是在交通方面，提升服务质量既是鼓励人们使用某种交通工具，又是减少燃料消耗的好办法。这里涉及一个被大多数环保人士诟病的问题：交通流问题。上班所需时间如果减少一半，将比降低人口密度对油耗的影响大得多。

谈到城市规划，我们总是想到公共交通，但城市规划不止是交通，还包括住房、服务大楼等各行各业。现在我们已经可以看到，蒙特利尔城区严重老化，一些基础设施的能源使用效率确实不如新建的基础设施，因此，提倡高效的方案对减少能耗有显著影响。在这些有效的措施中，当然必须考虑电力的用途和方式，如电力供暖和电动汽车。

总之，认为人口密集是解决问题的万能药，就意味着拒绝思考更多或许更有效的办法。

3. 蒙特利尔：未来的典范？

什么样的城市可被称作典范？不同种类的城市排行有不同的标准。如果囊括所有这些标准来评估一个城市，则没有一个会符合条件。其实，每座城都有它令人满意和不满意的特点，比如说，气候条件使我们很难将一座南方城市与一座有酷寒冬季的城市做比较。同样，把一座亚洲城市与一座欧洲城市置于同一个层面比较也是不合情理的。比如，北美和北欧社会价值体系不同，也不可能拥有同样的城市形态。历史悠久的城市在发展过程中往往会受到各种制约，而新城市就没有这种限制。一座城市上了联合国教科文组织的世界遗产名录，并不意味着它就是一座宜居城市，也许它只是在历史方面对世界影响比较深远罢了。

下面灰框里的内容提供了与人口密集化相比，各种举措的估价。

不同措施的影响比较

人口密度：达到巴黎水平

理论影响：很强　　现实影响：无

将巴黎与那些人口密度不是很大的城市相比，人们会发现，两者在使用私家车方面存在很大差异。在巴黎，步行和乘坐公共交通都是比较常见的出行方式。假设一个人单独驾驶私家车的平均能耗是乘坐公共交通的两倍，那么乘坐公共交通平均每人每公里将节省650千焦的能量，步行节省的能量将再翻一倍。巴黎市中心的私家车使用率只有10%，且一般情况下单次行程的距离为3到4公里。然而在城市人口密度较低的地方，私家车的使用率高达75%，并且行驶里程通常在35公里以上。因此，巴黎模式的人口密度对降低能耗比较有效，可惜的是难以复制。

人口密度：蒙特利尔大都市治理和发展规划的影响

整体影响：弱

提高城市人口密度可使公共交通更加高效，但预计到2031年，蒙特利尔市的家庭数量增幅仅为13%。但这一增长并不足以让人下决心对公共交通加大投资。而蒙特利尔的公共交通事业已然滞后，因此，应该采取一些必要的措施，改善人口密度中等的地区的交通。

投资公共交通事业

整体影响：中

如果将包括蒙特利尔在内的大多数北美城市与斯德哥尔摩、赫尔辛基等北欧宜居城市做比较，我们会得出一些有趣的结论：这两类城市的人口密度虽然相近，但在汽车使用率上却存在着较大差异。斯德哥尔摩的汽车使用率为33%，而与它人口密度相同的北美城市的汽车使用率竟高达65%甚至85%。这一差异可能是由于两个地区居民在汽车使用方面的观念不同所导致的。由此我们可以发现，汽车使用率的差异并不总能由城市人口密度来解释，还应该考虑政府对公共交通的投资力度。此外，还要明白，公共交通投资通常要持续十数年，甚至50年，短期投资的效果并不显著。

对自行车道的投资

个体影响：很强　　整体影响：弱

显然，骑车可比开车平均每人每公里少产生1300千焦的热量。然而，除了少数几个城市，自行车的使用率现在和将来都会很低。

鼓励拼车行为

个体影响：很强　　整体影响：较弱

每增加一个乘客就可以使一辆正在行驶的汽车每公里少浪费650千焦的热量。

很明显，这是一个值得提倡的举措。当然了，出行需求多变且难以协调，所以每次出行都靠拼车也是不现实的。

公共交通：行之有效的最好选择

个体影响：强　　整体影响：较强

地铁是最有效的公共交通方式。因此，地铁费用的制定迫使决策者要兼顾其他交通方式，诸如轻轨、有轨电车以及公共汽车。至于混合动力公共汽车则可节约40%的能耗。这完全可以考虑，现在就可以做到。

小轿车：行之有效的最好选择

个体影响：很强　　整体影响：强

一辆高效的小轿车可以节约至少50%的能耗。小汽车是使用最广泛的交通工具，因此建设一个更高效的停车场非常有必要。此外，如果把欧洲小汽车的情况与北美进行比较，我们会发现，二者每公里的行程能耗有很大的不同。到2020年，美国预计轿车行驶效率将提高到20%，到2030年，甚至有望提高到36%。

交通的通畅性

个体影响：强　　整体影响：较弱

在环境学家眼里，这个概念并不十分常见。然而减少交通拥堵、节约时间，对于碳氢燃料的消耗有重要影响。就拿蒙特利尔来说，城市的一些街道常年堵车，无论在什么时间段，这绝非正常的现象。

垃圾的选择性收集与回收

对于金属、玻璃以及纸张的个体影响：强

上述材料的回收处理对消费的影响不大，但对环境的影响很深远。

高层住宅的建造

个体影响：消极　　整体影响：一般

高层住宅的建造可以最大限度增加城市人口密度，城市人口密度的增大可以提高公共交通的使用率，因此影响是积极的，但高层建筑单位面积的能量消耗大于普通楼房。

注：弱为低于10%，较弱为10%—20%，一般为20%—30%，强为30%—40%，很强为大于40%。

用"典范"来形容一座城市，首先需要选取一个分析角度。从文化和创造力角度来看，蒙特利尔可得高分。依据社会和经济标准建立的排名，有效期可能会很短暂。例如，蒙特利尔曾是加拿大的大都市、繁荣的商业中心，但它现在已经失去这一地位。

在蒙特利尔人看来，蒙特利尔无论如何都不会成为城市的典范。蒙特利尔的居民对自己的城市总有所不满，难道这片法裔加拿大的土地继承了法国人与生俱来的悲观主义和爱抱怨的性格？当然这只是一种假设。对一座城市的评价还是由这座城市以外的人来进行更加客观。

事实上，从可持续发展的角度看，不可否认，蒙特利尔还是处于世界领先水平，令绝大多数城市都望尘莫及。想想2050年的蒙特利尔会是什么样子吧！让我们来总结一下本书讨论过的结论：

首先，不能否认这座城市有很多优点。从空气污染、饮用水质量及废水净化等方面来评价这座城市的时候，不难发现，这是一座环保之城。而且蒙特利尔将更好地处理废物，继续提高自己在环境保护方面的优势。从现在起到2020年，蒙特利尔将大量减少垃圾的填埋处理。期待在几十年以后，废物处理将找到一个令所有人都满意的解决方式。

第二点，蒙特利尔是一个现代化大都市，且有变成更加智能的城市的潜力。蒙特利尔是一座信息化程度很高的城市，在信息领域始终保持着自己的优势。蒙特利尔已经在电子游戏领域成为先锋，一些由"魁北克制造"的信息程序，虽然尚未闻名于世，却已在革新全球大城市的交通管理。GIRO是一家蒙特利尔的企业，它创造的新型交通体系影响了包括洛杉矶、纽约、巴塞罗那和新加坡在内的其他很多城市或国家的公共交通。

智能城市也就是创新之都。超出我们的想象，蒙特利尔和魁北克市是人力交通和公共交通领域的革新者和带头人。2009年在蒙特利尔问世的自助自行车BIXI，如今在三大洲被广泛使用。仅从这一点就可以肯定，蒙特利尔是北美自助自行车模式使用的领路人。虽然在自行车使用上，蒙特利尔无法超越哥本哈根，可世界上又有哪个城市能够超过哥本哈根呢？鉴于魁北克省的自然气候，这样的自行车使用率已经很了不起了。

成立于1994年的Communauto，是北美最早的共享汽车公司之一。只需对新事物保持开放态度。蒙特利尔现在已经以地下交通和古建筑闻名于世了，然而为了让它更有价值，还有许多事情要做，表演区的翻修就是一种积极的趋势。

蒙特利尔四周环水，还有著名的皇家山，甚至只依靠这些令人惊叹的风景遗产就可以让这座城市发展得很好。但很难让蒙特利尔处处漂亮，比如这里的建筑风格就太过混杂。不过，可以开发河岸，让蒙特利尔岛的河边道路四通八达，包括从蒙泰雷吉地区到拉瓦尔市的整个半岛。

单蒙特利尔岛就有长达266公里的河岸。骑行爱好者们都知道，拉欣急流岛和圣路易斯湖周围的景色美不胜收。隆格伊、布谢维尔、瓦雷纳和沙托盖等地区的居民可以利用河流。沃德勒伊和圣安娜·德贝尔维尤地区有很好的乌塔韦河景观赏点。世界上很少有像蒙特利尔这样的大城市能给居民提供如此多的水域景观。所以为什么不能开通水上巴士，将各个城市连接起来呢？奥斯陆、悉尼已经将水上交通商业化了。蒙特利尔应该尽早在这些方面做出改善。

岛屿的特殊性和蒙特利尔的历史使人们误以为蒙特利尔和巴黎一样有理想的人口密度。不过，在蒙特利尔大都市区建造一些"心脏"地段，或者打造一些小型村庄倒是值得考虑的，同时也应该肯定市政部门的人口密集化举措。但要想持续发展，就必须发展城际间公共交通。必须承认，在这一方面，蒙特利尔还很落后。

正如我们已经在城市形态那一章强调过的一样，蒙特利尔市中心的公共交通使用率和人力出行率与巴黎不相上下，所以应当继续提高市中心的交通服务质量。不过，与欧洲同等密度的城市相比，我们会发现，蒙特利尔郊区通往市中心的公共交通建设较差。根据现行交通流量，需要投资轻轨、公交车快速服务和地铁。

在结束本书之际，我们得知一些负面消息：蒙特利尔目前的公共交通发展计划全都推迟到了2020年。2000年到2010年这第一个十年，我们发展了公共交通，而下个十年却暂缓发展公共交通，这将扩大蒙特利尔和其他世界前沿城市的差距。

长期来看，如果魁北克最终可以走出萧条期，它的前景还是很光明的。2050年之前，蒙特利尔不会出现显著的人口增长，因此交通领域的投资可以仅限于当下的城市格局。如果投资持续，40年后蒙特利尔的交通网会是什么样子呢？随着市郊之间的关系越来越密切，各郊区的人口越来越多，我们还能将高峰期汽车使用率减少到欧洲标准吗？

前面我们提到过，想要减少熵，就需要减少"输入"和"输出"，为此我们讨论过垃圾处理问题，同样也讨论对于矿石燃料的依赖问题。大约从1985年开始，魁北克的可再生能源使用份额趋于稳定（可再生能源发电量占电能的40%和生物能的8%）。可后来魁北克开始安于现状了，再加上缺少合理的热能发电政策，魁北克更加止步不前。减少温室气体排放光用嘴说是不够的，要采取措施，促进用电力和生物能源替代其他能源。

在住宅消费领域，实际上电能供热已成主流，可是在商业和工业领域，天然气供热仍是主导。当然了，在2010年年初，天然气的价格低得反常。魁北克电能大量剩余，对降低温室效应的目标信心十足，在这两个大前提下，商业和工业领域供电取暖的政策就更有道理了。长远来看，既然电能的优势相比天然气来说只会更大，那么魁北克肯定会成为获益者。

此外，电力供热并不意味着不需要考虑能源效率，别忘了，蒙特利尔市中心的住宅几乎都是在1960年以前建成的，也就是说，在隔热标准出台之前就已存在了。那怎样才能避免这种市中心的扩大带来的不必要的能耗？毕竟能源使用效率在目前来看还是一个不可忽视的重点。

高效的公共交通网络可以减少私家车的使用，而不会彻底消除私家车。在这一点上魁北克还是有机会脱颖而出的。电动车和混合能源动力车的技术在不断地进步，40年后，魁省水电局也许可以为大部分汽车充电。同样，大都市交通局也计划到2030年向

95%的公共交通工具供电，其中包括一些电动公共汽车。①

　　这样做的好处在于电能是由可再生能源生成的。如果好好观察能源消费和产生的全过程，就不难发现世界上很少有城市能达到温室气体零排放的目标。蒙特利尔自然也不会去刻意追求这种遥不可及的目标，但它是少数几个接近这个目标的城市之一。

　　货物运输仍旧存在一些问题，应该效仿公交车和垃圾车，让货车使用混合动力技术，同时尽可能减少重型卡车的使用。这就要求我们有更多的想象力。如果蒙特利尔大区想要降低货物运输对环境造成的影响，行政机关和公共管理部门就应该更多地关注卡车以及货物集散地的选择。市政部门也应该努力减少卡车在市区道路上行驶的距离。

　　谁能拯救城市？谁能拯救世界？蒙特利尔的案例说明，首先要从自身开始，要克服悲观情绪，做好计划，不要随心所欲。如果满足于蒙特利尔目前在公共交通领域的投入和一些重大道路工程的现状，那蒙特利尔交通混乱的情况至少还得持续十年。

　　要成为城市的典范，首先就要从长远出发，综合考虑管理效率和客观情况。魁北克省却恰恰相反，它似乎陷入了一个追求短期利益的怪圈中，只关注零赤字，从不参与城市新理念方面的任何投资。所有的策略性计划都被推迟至少十年，这还怎么让魁北克省的城市跻身世界一流宜居城市的行列？

---

　　① 2012年3月，魁北克省时任省长庄社理在圣厄斯塔什的"诺瓦巴士"落成典礼上的发言。

从郊区到市区

（代后记）

　　我和我的兄弟们在郊区度过了整个童年时期。在那里，我们每个人都有一个属于自己的大卧室。周围的环境让我们感到很满足。那时候，我可以自由地在街上玩耍，也可以去家对面的绿草地。从学校回我家步行只需要5分钟，所以我每天可以都回家吃中饭。青少年时，我经常和小伙伴们一起去圣布鲁诺山的小树林里玩，走路几分钟就可以到达那儿。我也学了市政府文娱处给我们开设的不少免费课程。

　　长大后，我记得我曾跟父母一起送哥哥们去蒙特利尔。我对蒙特利尔的第一印象是这座城市很脏很丑，不理解哥哥们为什么那么喜欢去那里。那时候的我还不能忍受在郊区以外的地方生活。

　　但后来我为什么最终选择在蒙特利尔生活呢？城市是怎样变得比郊区更有吸引力的？蒙特利尔又是怎样诱惑我在那里定居的呢？首先是因为形势发生了变化。

　　我父母出生的那个年代，魁北克刚从一个工业化的乡村社会脱离出来。如今，魁北克的经济发展以第三产业为重点，城市人口超过80%。城市的就业岗位越来越多。我在蒙特利尔工作，这本身就是一个选择居住在这座城市的一个重要原因。

　　促使婴儿潮一代人选择郊区而不是都市的理由已经不再适用于我们这代人了。从严格的人口统计来看，20世纪70年代已婚人口剧增，蒙特利尔的郊区范围不得不扩大，因对市中心新住房的需求量难以得到满足。

那时住房供应是受到一定限制的，人们倾向于选择新房。如今的趋势恰恰相反。2014年的形势已截然不同。从现在起到2031年，城市的已婚人口数量将增长32万人（相当于目前总数的13%）。这与过去的人口增长现象几乎没有可比性：魁北克超过三分之二的住房是于1960年之后建成的。新住房的建设速度较过去会有所减慢，但现在的房源已不像之前那样紧张了。

如今，甚至郊区的空地面积也变得越来越紧缺，二手房数量大大增加。婴儿潮一代人效仿上一代，在完成了抚养子女的责任后，从原先的大房子搬到公寓或者老年公寓里，这无形中给新家庭创造了更多在市区和郊区的居住机会。城市逐渐从扩展模式过渡到了合并模式。

交通条件也有了很大的改变。自20世纪60年代以来，道路网并没有太大的发展，交通堵塞问题变得非常严重。然而，时间在今天是如此宝贵，它在新城市所代表的是巨大的价值。离工作地点近，这是选择住处首先要考虑的因素。我们同样发现，人们对用车的倾向有所改变，越来越多的人开始选择使用公共交通工具出行，只在有特殊情况时才会使用私家车。无论是对政府来说还是对公民来说，环境保护都已上升到一个新的高度。

这就是蒙特利尔城区越发资产阶级化的原因。当然，居住在离工作地点近的地方是需要付出代价的。但与加拿大其他城市不同，蒙特利尔的一些住宅区对年轻夫妻来说还是可以支付得起的。凡尔登就是一个很好的例子，这里以前是工人居住区，是蒙特利尔一个比较穷的居住区，它现在吸引了越来越多的投资者，因为从这里开车到市中心只需10分钟，坐公交车也只需要20分钟。

尽管凡尔登的房价比较贵，然而选择这个居住区的人可以在若干年后获得收益。因为那是蒙特利尔房价最高的居住区之一，房东从房产出租中获得收益，对旧房进行装修也可成为获利的一个有效途径。

正是基于以上原因，我在凡尔登买了一套1910年建的三联屋，离地铁站很近。这条街上除了我这一户，还有不少双联屋在装修，有几家可能近几年或多或少装修过，所以看起来比其他房子要好得多。

我的新居远离闹市，有一个小院子，这座房子提升了我的生活质量。住宅离市中心不到30分钟的车程，我可以舒舒服服地乘坐公共交通工具，夏天可以骑自行车。我步行去惠灵顿大街的小商铺，也可以在短时间内到达爱沃特市场，这与生活在郊区是不同的。住在凡尔登的最开始几年，我几乎不怎么开车，平时把车停在我家后面，只有在周末出城的时候才会用到。

如果不是因为工作地点在市中心，我或许不会选择在城市居住，因为我对大自然太热爱了。然而，幸运的是，蒙特利尔的美丽蕴藏在它丰富的环境遗产当中，蒙特利尔有山有水，使城市有了与大自然近距离亲密接触的机会，这在我看来是幸运的。市政部门也在尽力绿化和美化当地环境，让市民安居乐业，让市民自己也为美化城市不遗余力。在我居住的小巷子附近，邻居们积极响应绿化小巷的计划，互帮互助，自发绿化自家小巷，改善生活环境。这些小巷就是蒙特利尔的孩子们嬉戏的地方，就像郊区的街道是郊区的孩子们玩耍的地方一样。

当然，翻修旧房子并不适合所有人。现在有两种倾向：第一种情况是直接买公寓，这样就不用再花钱去翻修双联屋或三联屋；第二种情况是买别墅，要翻修，必须找行家帮助，或者自学银行贷款也是一个好办法，尽管这不是最好的办法。总之，帮助新房主翻修房屋的途径有很多。

目前，我不想离开蒙特利尔市中心，特别是我的大多数朋友都生活在这里，更不用说这里有着丰富的业余文化生活。但事情很快发生了变化，我的工作地点不再位于市中心，市中心之外的公共交通很不方便，所以我必须开车上班。幸运的是，我可以选择拼车，就像我在书中多次提到的那样。这种现象说明蒙特利尔还需要做出很多努力改善公共交通，以方便不在市中心工作的人。

孩子的出生也会改变一些情况。我们的一楼并不宽敞，当然我们可以选择将两个房间打通，以获得更大的空间。我们街区的很多复式住宅都是这样做的。

我的个人经历证明，我们这一代人将根据一些新标准使城市不断进步，这些新标准似乎与城市的可持续发展更加协调。

朱丽·拉弗朗斯

致　谢

　　在此向所有参与本书撰写的人致以诚挚的谢意，感谢（加拿大）国家科学研究学会的学者以及蒙特利尔大学城市规划研究所的工作人员，也感谢国家科学研究学会的硕士研究生伊莎贝拉·莱利维尔，她的研究非常清楚地阐明了魁北克省污染程度和用电量之间的关系，这一宝贵的研究成果对我们研究城市能源消耗起了非常积极的作用。另外还要特别感谢我们的长期工作伙伴，国家科学研究学会水土环境保护中心的莫妮克·贝尔埃教授。得益于远距离探测技术的发展，我们可以更好地理解大气污染和城市土地规划之间的关系。本书中很多章节都借鉴了朱莉·拉弗朗斯在蒙特利尔大学城市规划研究所取得的研究成果。要特别感谢朱莉的启蒙导师保尔·刘易斯先生，他在城市交通和城市土地规划政策方面对朱莉的研究提供了不可多得的意见和建议，还要特别感谢乌拉诺斯组织的克洛德·德加雷斯，他的真知灼见指导我们重新审视一些论点和假说。最后要感谢让·马克·加贡、利斯·莫兰以及多元世界出版社的全体工作人员，感谢他们为此书的出版做出的努力，尽管这本书所选的内容并不都是热门话题。